风景园林建设丛书

园林工程技术培训教材

图解园林景观造景工程

张柏　主编

U0229793

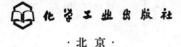化学工业出版社

·北京·

《图解园林景观造景工程》主要介绍了园林造景工程的基本知识和基本技术，具有很强的实用性和可操作性。主要内容包括：假山石工程，水景工程，植物造景工程，园路、园桥与广场工程，园林景亭工程以及景观照明。

　　本书可作为园林造景工程现场施工技术及管理人员的常备参考书，也可作为相关专业师生的参考用书。

图书在版编目（CIP）数据

图解园林景观造景工程/张伯主编. —北京：化学工业出版社，2016.12（2021.1 重印）

（风景园林建设丛书，园林工程技术培训教材）

ISBN 978-7-122-28358-0

Ⅰ.①图… Ⅱ.①张… Ⅲ.①造园林-技术培训-教材 Ⅳ.①TU986.2-64

中国版本图书馆 CIP 数据核字（2016）第 254758 号

责任编辑：袁海燕　　　　　　　　文字编辑：向　东
责任校对：王素芹　　　　　　　　装帧设计：关　飞

出版发行：化学工业出版社（北京市东城区青年湖南街 13 号　邮政编码 100011）
印　　装：北京虎彩文化传播有限公司
850mm×1168mm　1/32　印张 8　字数 222 千字
2021 年 1 月北京第 1 版第 2 次印刷

购书咨询：010-64518888
售后服务：010-64518899
网　　址：http://www.cip.com.cn
凡购买本书，如有缺损质量问题，本社销售中心负责调换。

定　　价：35.00 元

《图解园林景观造景工程》
编写人员

主编

张　柏

参编

王　琦	沈　田	何　英	马长乐	白尚斌
李悦丰	赵子仪	刘卫国	赵德福	左丹丹
白雅君	刘英慧	李　新	林　毅	高献东

前言

园林造景是指通过人工手段,利用环境条件和构成园林的各种要素造作所需要的景观。随着经济的发展,城市人口膨胀、用地紧张、环境恶化,人们发现园林绿化建设是解决环境问题行之有效的方法之一。近年来,我国园林绿化建设较注重植物景观、注重生态效益,改善和提高了环境质量。但仍有些地方进行园林绿地建设及城市规划时只重经济效益而轻植物生态效益,破坏了生态环境。人们不仅需要在紧张的工作之余来到园林绿地中休息、活动、观赏花木等美景,以寻求一种身心的释放和轻松,而且需要生活、工作和学习等环境都充满绿色生机,从而改善环境质量。园林造景除了供人欣赏自然美、陶冶情操、创造优美舒适的环境外,还能改善日益恶化的人类赖以生存的生态环境。因此,园林造景在现代园林中的应用应进一步深化。

《图解园林景观造景工程》主要介绍了园林造景工程的基本知识和基本技术,具有很强的实用性和可操作性。主要内容包括:假山石工程,水景工程,植物造景工程,园路、园桥与广场工程,园林景亭工程以及景观照明。

本书可作为园林造景工程现场施工技术及管理人员的常备参考书,也可作为相关专业师生的参考用书。

由于编者的学识和经验所限,虽尽心尽力,但书中仍难免存在不足之处,恳请广大读者和专家批评指正。

编者
2016 年 6 月

目录

6　景观照明　/ 237

参考文献　/ 248

假山石工程

1.1 假山工程

1.1.1 地形的类型与造型

1.1.1.1 地形的类型

地形可以通过各种途径加以分类和评价。这些途径包括它的地表形态、地形分割条件、地质构造、地形规模、特征及坡度等。在以上各种分类途径中，对于园林造景来说，坡度乃是涉及地形的视觉和功能特征最重要的因素之一。从这个角度，可以把地形分为平地、坡地和山地三大类。

(1) 平地 外部环境中不存在绝对平坦的地形，所有的地面都有不同程度甚至是难以察觉的坡度，因此，这里的"平地"指的是那些总的看来是"水平"的地面，更为确切的描述是指园林地形中坡度小于 4% 的较平坦用地。平地对于任何种类的密集活动都是适用的。园林中，平地适于建造建筑，铺设广场、停车场、道路，建设游乐场，建设苗圃，铺设草坪草地等。因此，现代公共园林中必须设有一定比例的平地形以供人流集散以及交通、游览需要。

平地上可开辟大面积水体以及作为各种场地用地，可以自由布置建筑、道路、铺装广场及园林构筑物等景观元素，也可以对这些景观元素按设计需求适当组合、搭配，以创造出丰富的空间层次。

园林中对平地应适当加以地形调整，一览无余的平地不加处理容易流于平淡。适当地对平地形挖低堆高，导致地形高低变化，或结合这些高低变化设计台阶、挡墙，并通过景墙、植物等景观元素对平地形进行分隔与遮挡，可以创造出不同层次的园林空间。

从地表径流的情况来看，平地径流速度慢，有利于保护地形环境，减少水土流失，但过于平坦的地形不利于排水，容易积涝，破坏土壤的稳定，对植物的生长、建筑和道路的基础都不利。因此，为了排除地面水，要求平地也具有一定的坡度。

(2) 坡地 坡地指倾斜的地面。园林中可以结合坡地形进行改造，使地面产生明显的起伏变化，增加园林艺术空间的生动性。坡地地表径流速度快，不会产生积水，但是如果地形起伏过大或坡度不大但同一坡度的坡面延伸过长，则容易产生滑坡现象，因此，地形起伏要适度，坡长应适中。坡地按照其倾斜度的大小可以分为缓坡、中坡和陡坡三种。

① 缓坡。坡度在4%～10%，适宜于运动和非正规的活动，一般布置道路和建筑基本不受地形限制。缓坡地可以修建为活动场地、疏林草地、游憩草坪等。缓坡地不宜开辟面积较大的水体，如果要开辟大面积水体，可以采用不同标高水体叠落组合形成，以增加水面层次感。缓坡地植物种植不受地形约束。

② 中坡。坡度在10%～25%，只有山地运动或自由游乐才能积极加以利用，在中坡地上爬上爬下显然很费劲。在这种地形中，建筑和道路的布置会受到限制。垂直于等高线的道路要做成梯道，建筑一般要顺着等高线布置并结合现状进行地形改造才能修建，并且占地面积不宜过大，如图1-1所示。对于水体布置而言，除溪流外不宜开辟河湖等较大面积的水体。中坡地植物种植基本不受限制。

③ 陡坡。坡度在25%～50%。陡坡的稳定性较差，容易导致滑坡甚至塌方，因此，在陡坡地段的地形改造一般要考虑加固措施，如建造护坡、挡墙等。陡坡上布置较大规模建筑会受到很大限制，并且土方工程量很大。如布置道路，一般要做成较陡的梯道；

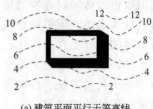

(a) 建筑平面平行于等高线，
使挖填土方量为最小

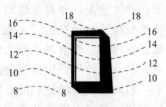

(b) 建筑平面垂直于等高线，
使挖填土方量为最大

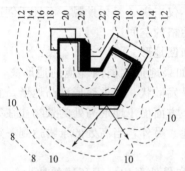

(c) U字形建筑平面适合于布置在山脊的末端

图 1-1　建筑布置与等高线（单位：m）

如果要通车，则要顺应地形起伏做成盘山道。陡坡地形更难设计较大面积水体，只能布置小型水池。陡坡地上土层较薄，水土流失严重，植物生根困难，因此陡坡地种植树木较困难。如果要对陡坡进行绿化可以先对地形进行改造，改造成小块平整土地，或在岩石缝隙中种植树木，必要时可以对岩石打眼处理，留出种植穴并覆土种植。

（3）山地　同坡地相比，山地的坡度更大，其坡度在 50% 以上。山地根据坡度大小又可分为急坡地和悬坡地两种。急坡地地面坡度为 50%～100%，悬坡地是地面坡度在 100% 以上的坡地。由于山地特别是石山地的坡度较大，因此在园林地形中往往能表现出奇、险、雄等造景效果。山地上不宜布置较大建筑，只能通过地形改造点缀亭、廊等单体小建筑。山地上道路布置也较困难，在急坡地上，车道只能曲折盘旋而上，浏览道需做成高而陡的爬山磴道；

而在悬坡地上，布置车道则极为困难，爬山磴道边必须设置攀登用扶手栏杆或扶手铁链。山地上一般不能布置较大水体，但可结合地形设置瀑布、叠水等小型水体。山地与石山地的植物生存条件比较差，适宜抗性好、生性强健的植物生长。但是，利用悬崖边、石壁上、石峰顶等险峻地点的石缝石穴，配植形态优美的青松、红枫等风景树，却可以得到非常诱人的犹如盆景树石般的艺术景致。

1.1.1.2　地形造型特点

地形的起伏不仅丰富了园林景观，而且还创造了不同的视线条件，形成了不同性格的空间。

(1) 凸地形和凹地形

① 凸地形。如果地形比周围环境的地形高，则视线开阔，具有延伸性，空间呈发散状，此类地形称凸地形。它一方面可组织成为观景之地；另一方面由于地形高处的景物往往突出、明显，又可组织成为造景之地。另外，当高处的景物达到一定体量时还能产生一种控制感。

② 凹地形。如果地形比周围环境的地形低，则视线通常较封闭，且封闭程度决定于凹地的绝对标高、脊线范围、坡面角、树木和建筑高度等，空间呈积聚性，此类地形称凹地形。凹地形的低凹处能聚集视线，可精心布置景物。凹地形坡面既可观景也可布置景物，如图 1-2 所示。

(2) 地形的挡与引　地形可用来阻挡人的视线、行为以及冬季寒风和噪声等，但必须达到一定的体量。地形的挡与引应尽可能利用现状地形，如果现状地形不具备这种条件则需权衡经济和造景的重要性后采取措施。引导视线离不开阻挡，阻挡和引导既可是自然的，也可是强加的。

(3) 地形高差和视线控制　如果地形具有一定的高差则能起到阻挡视线和分隔空间的作用。在施工中如能使被分隔的空间产生对比或通过视线的屏蔽，安排令人意想不到的景观，就能够达到一定的艺术效果。对于过渡段的地形高差，如果能合理安排视线的挡引和景物的藏露，也能创造出有意义的过渡地形空间。

(4) 利用地形分隔空间　利用地形可以有效地、自然地划分空

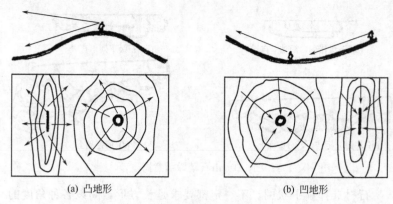

| (a) 凸地形 | (b) 凹地形 |

图 1-2　凸地形和凹地形的对比

间，使之形成不同功能或景色特点的区域。在此基础上如果再借助于植物则能增加划分的效果和气势。利用地形划分空间应从功能、现状地形条件和造景几方面考虑，它不仅是分隔空间的手段，而且还能获得空间大小对比的艺术效果。

1.1.2　山石的结合形式

1.1.2.1　山石与建筑的结合形式

　　与园林建筑结合的山石布置就是用山石来陪衬建筑的做法，用少量的山石在适宜的部位装点建筑就仿佛有把建筑建在自然的山岩上一样的效果。所置山石模拟自然裸露的山岩，建筑则依岩而建，因此山石在这里所表现的实际是大山之一隅，可以适当运用局部夸张的手法。其目的仍然是减少人工的气氛，增添自然的气氛，这就是要掌握的要领。常见的结合形式有下列几种。

(1) 山石踏跺和蹲配

　　① 山石踏跺。中国传统的建筑多建于台基之上，这样出入口的部位就需要有台阶作为室内外上下的衔接部分。这种台阶可以做成整形的石级，而园林建筑常用自然山石做成踏跺，如图 1-3 所示。它不仅有台阶的功能，而且有助于处理从人工建筑到自然环境之间的过渡。

(a) 石级错列，简洁、自然

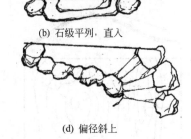

(b) 石级平列，直入

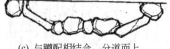

(c) 与蹲配相结合，分道而上

(d) 偏径斜上

图 1-3　山石踏跺示意图

　　石材选择扁平状的，不一定都要求是长方形，间以各种角度的梯形甚至是不等边的三角形则会更富于自然的外观。每级在 10～30cm，有的还可以更高一些，每级的高度也不一定完全一样。由台明出来头一级可以与台基地面同高，体量也可稍大些，使人在下台阶前有个准备。所谓"如意踏跺"有令人称心如意的含义，同时两旁设有垂带。山石每一级都向下坡方向有 2% 的倾斜坡度以便排水。石级断面要上挑下收，防止人们上台阶时脚尖碰到石级上沿，术语称为不能有"兜脚"。用小块山石拼合的石级，拼缝要上下交错，以上石压下缝。

　　② 山石蹲配。蹲配是常和如意踏跺配合使用的一种置石方式。所谓"蹲配"，以体量大而高者为"蹲"，体量小而低者为"配"，如图 1-4 所示。实际上除了"蹲"以外，也可"立"、可"卧"，以求组合上的变化，但务必使蹲配在建筑轴线两旁有均衡的构图关系。从实用功能上来分析，它可兼备垂带和门口对置的石狮、石鼓之类装饰品的作用；从外形上，又不像垂带和石鼓那样呆板。它一方面作为石级两端支撑的梯形基座，也可以由踏跺本身层层叠上而用蹲配遮挡两端不易处理的侧面。在确保这些实用功能的前提下，蹲配在空间造型上则可利用山石的形态极尽自然变化。

　　山石踏跺有石级平列的，也有互相错列的；有径直而入的，也有偏径斜上的。当台基不高时，可以采用前坡式踏跺；当游人出入量较大时，可采用分道而上的办法。

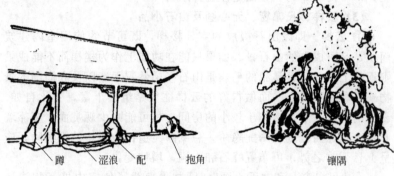

蹲　涩浪　配　　抱角　　　　　　　　　镶隅

图1-4　如意踏跺和蹲配、抱角、镶隅

（2）抱角、镶隅及粉壁置石

① 抱角。建筑的墙面多成直角转折，这些拐角的外角和内角的线条都比较单调、平滞，常以山石来美化这些墙角，如图1-4所示。对于外墙角，山石成环抱之势紧抱基角墙面，称为抱角；对于墙内角则以山石填镶其中，称为镶隅。经过这样处理，本来是在建筑外面包了一些山石，却又似建筑坐落于自然的山岩上。山石抱角和镶隅的体量均须与墙体所在的空间取得协调。

一般园林建筑体量不大，无须做过于臃肿的抱角。当然，也可以用以小衬大的手法用小巧的山石衬托宏伟、精致的园林建筑。山石抱角的选材应考虑如何使石与墙接触的部位，尤其是可见的部位能吻合起来。

② 镶隅。江南私家园林多用山石做小花台来镶填墙隅，花台内点植体量不大却又潇洒、轻盈的观赏植物。由于花台两面靠墙，植物的枝叶必然向外斜伸，从而使本来比较呆板、平直的墙隅变得生动活泼而富于光影、风动的变化。这种山石小花台一般都很小，但就院落造景而言它却起了很大的作用，如图1-4所示。

③ 粉壁置石。粉壁置石即以墙作为背景，在面对建筑的墙面、建筑山墙或相当于建筑墙面前基础种植的部位作石景或山景布置，因此也有称"壁山"的，这也是传统的园林手法。

粉壁置石在工程上要注意两方面：一方面是石头本身必须直

立，不可倚墙；另一方面是注意排水。

(3) 云梯、尺幅窗、无心画及山石小品

① 云梯。即以山石掇成的室外楼梯，既可节约使用室内建筑面积，又可成自然山石景。如果只能在功能上作为楼梯而不能成景则不是上品，最容易犯的毛病是山石楼梯暴露无遗以及和周围的景物缺乏联系和呼应。而做得好的云梯往往是组合丰富，变化自如。云梯的布置一般连接伸于较小的房间，尽可能减少观赏面，多靠墙布置；踏跺两侧则以蹲配隐阶，忌暴露无遗；为防止外观臃肿，应呈上悬下收之势，可布置峰石和山洞，增加变化。

② "尺幅窗"和"无心画"。园林景色为了使室内外互相渗透常用漏窗、景门透石景，把内墙上原来挂山水画的位置开成漏窗，然后在窗外布置竹石小品之类，使景入画。这样便于以真景入画，较之画幅生动百倍，称为"无心画"。以"尺幅窗"透取"无心画"是从暗处看明处，窗花有剪影的效果，加以石景以粉墙为背景，从早到晚，窗景因时而变。

③ 回廊转折处的廊间山石小品。园林中的廊子为了争取空间的变化和使游人从不同角度去观赏景物，在平面上往往做成曲折回环的半壁廊。这样便会在廊与墙之间形成一些大小不一、形体各异的小天井空隙地，这是可以发挥用山石小品"补白"的地方，使之在很小的空间里也有层次和深度的变化，同时可以诱导游人按设计的游览序列入游，丰富沿途的景色，使建筑空间小中见大，活泼无拘。

1.1.2.2　山石与植物的结合形式

山石花台即用自然山石叠砌的挡土墙，其内种花植树。在江南园林中运用极为普遍，主要原因有三方面：

① 这一带地下水位较高，土壤排水不良；而中国民族传统的一些名花如牡丹、芍药之类却要求排水良好；为此用花台提高种植地面的高程，相对地降低了地下水位，为这些观赏植物的生长创造了合适的生态条件；同时又可以将花卉提高到合适的高度，防止躬下身去观赏。

② 花台之间的铺装地面是自然形式的路面，庭院中的游览路

线就可以运用山石花台来组合。

③ 山石花台的形体可随机应变，小可占角、大可成山，尤其适合与壁山结合随心变化。

山石花台布置的要领和山石驳岸有共同的道理，所差只是花台是从外向内包，驳岸则多是从内向外包，如为水中岛屿的石驳岸则更接近花台的做法。

（1）花台的平面轮廓和组合

① 单个轮廓。就花台的个体轮廓而言，应有曲折、进出的变化。更要注意使之兼有大弯和小弯的凹凸面，而且弯的深浅和间距都要自然多变。有小弯无大弯、有大弯无小弯或变化的节奏单调都是要力求避免的，如图 1-5 所示。

(a) 有小弯无大弯　　　　　(b) 有大弯无小弯　　　　　(c) 兼有大小弯

图 1-5　花台平面布置图

② 花台组合。如果同一空间内不止一个花台，这就有花台的组合问题。花台的组合要求大小相间、主次分明、疏密多致、若断若续、层次深厚。在外围轮廓整齐的庭院中布置山石花台，应占边、把角、让心，即采用周边式布置，让出中心、留有余地。

③ 布局结构。就其布局的结构而言，和我国传统的书法、篆刻的手法如"知白守黑""宽可走马，密不容针"等都有可以相互借鉴之处。庭院的范围如同纸幅或印章的边缘，其中的山石花台如同篆刻的字体。花台有大小，组合起来园路就有了收放；花台有疏密，空间也就有相应的变化。

（2）花台的立面轮廓起伏变化　花台上的山石与平面变化相结合还应有高低起伏的变化，切忌把花台做成"一码平"，这种高低

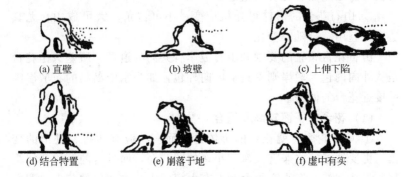

(a) 直壁　　　　　　(b) 坡壁　　　　　　(c) 上伸下陷

(d) 结合特置　　　　(e) 崩落于地　　　　(f) 虚中有实

图 1-6　花台立面布置图

变化要有比较强烈的对比才有显著的效果，如图 1-6 所示。一般是结合立峰来处理，但又要防止用体量过大的立峰堵塞院内的中心位置。花台除了边缘以外，花台中也可少量地点缀一些山石；花台边缘外面也可埋置一些山石，使之有更自然的变化。

（3）花台的细部和断面变化

① 细部变化要求。自然的山石花台的断面不能像砌挡土墙一样严严实实、规规整整。断面不能是规则的几何图形，而是以自然界中这些地貌为范本的；周围的地层不规则下陷、坍塌，高处花草丛生；崩落之山石顺坡滚下，堆叠在一起形成一处或多处的坑、窝，天长日久，尘土填之，便草木葱茏。因此，自然式的山石花台其断面应该丰富多变，其中最主要的是虚实、明暗的变化，层次变化和藏露的变化。画断面图往往一个是不够的，必须有多个断面图才能表达出多处不同的做法。更多的细部变化则是园林工程施工师傅根据具体情况自行掌握的。

② 断面变化做法。花台的断面轮廓既有直立，又有坡降和上伸下收等变化。这些细部技法很难用平面图或立面图说明，必须因势延展，就石应变。具体做法是：使花台的边缘或上伸下缩，或下断上连，或旁断中连，化单面体为多面体，模拟自然界由于地层下陷、崩落山石沿坡滚下成围、落石浅露等形成的自然种植池的景观。

1.1.3 置石的设置

1.1.3.1 特置

(1) 概念 特置也叫孤置、孤赏，有的也称峰石，大多由单块山石布置成为独立性的石景。特置要求石材体量大，有较突出的特点，或有许多折皱，或有许多或大或小的窝洞，或石质半透明，扣之有声，或奇形怪状，形像某物，如图1-7所示。

图 1-7 特置

(2) 特置的设计

① 平面布置设计。特置石应作为局部的构图中心，一般观赏性较强，可观赏的面较多，因此，设计时可以将它放在多个视线的交点上。例如，大门入口处，多条道路交汇处，或有道路环绕的一个小空间等。特置石，一般以其石质、纹理轮廓等适宜于中近距离观赏的特征吸引人，应有恰当的视距。在主要观赏面前必须给游人留出停留的空间视距，一般应在25～30m；如果以石质取胜者可近些；而轮廓线突出、优美或象形者，视距应适当远些。设计时视距要限制在要求范围以内，视距 L 与石高 H，符合 $H/L=2/8\sim$

3/7数量关系时，观赏效果好。为了将视距限制在要求范围以内，在主要观赏面之前，可作局部扩大的路面，或植可供活动的草皮、建平台、设水面等，也可在适当的位置设少量的坐凳等。特置石也可安置在大型建筑物前的绿地中。

②立面布置。一般特置石应放在平视的高度上，可以建台来抬高山石。选出主要的观赏立面，要求变化丰富、特征突出。如果山石有某处缺陷，可用植物或其他办法来弥补。为了强调其观赏效果，可用粉墙等背景来衬托置石，也可构框作框景。在空间处理上，利用园路环绕，或天井中间，廊之转折处，或近周为低矮草皮或有地面铺设，而较远处用高密植物围合等方法，形成一种凝聚的趋势，并选沉重、厚实的基层来突出特置石。

③工程结构。特置石在工程结构方面要求稳定和耐久。拟竖直设立的特置石，应以大扁石为基础，找出石体的重心线，然后在下部做圆柱形的榫头，如图1-8所示。榫头不一定要很长，但争取横截面积尽量大，周围石边留有3cm左右即可。石榫头必须正好

图1-8　特置石的工程结构

在重心线上。基磐上的榫眼比榫头略大一点，但必须比石榫头的长度深一些，防止榫头顶住榫眼底部而周边不与基磐接触。先向榫眼中浇灌少量胶黏剂，再将山石吊起，把榫头对准榫眼插入，将溢出的胶黏剂刮去。

1.1.3.2 对置

对置是在建筑轴线两侧或道路旁对称位置上置石，如图1-9所示，但置石的外形为自然多变的山石。在大石块少的地方，可用三五块小石拼在一起，用来陪衬建筑物或在单调绵长的路旁增添景观，对置石设计必须和环境相协调。

图1-9　对置

1.1.3.3 散置

散置即"散漫置之"，常"攒三聚五"，有常理而无定势，只要组合得好就行。常常有高有低，有主有次，有聚有散，有断有续，曲折迂回，有顾盼呼应，疏密有致，层次分明。如图1-10所示，用于自然式山石驳岸的岸上部分，草坪上，园门两侧、廊间、粉墙前，山坡上、小岛上，水池中或与其他景物结合造景。散置石需要寥寥数石就能勾画出意境来。

1.1.3.4 群置

群置也叫"大散点"，在较大的空间内散置石，如果还采用单个石与几个石头组景，就显得很不起眼，而达不到造景的目

图 1-10　散置

的。为了与环境空间上取得协调，需要增大体量，增加数量。但其布局特征与散置相同，而堆叠石材比前者较为复杂，需要按照山石结合的基本形式灵活运用，以求有丰富的变化，如图 1-11 所示。

图 1-11　群置

1.1.3.5　山石器设

山石器设在园林中比较常见，其特点如下：不怕日晒雨淋，结实耐用；既是景观又是具有实用价值的器具；摆设位置较灵活，可以在室内，也可以在室外，如图 1-12 所示，如果在疏林中设一组自然山石的桌凳，人们坐在树荫下休息、赏景，就会感到非常惬意，而从远处看，又是一组生动的画面。

图 1-12　山石器设

1.1.4　假山布置原则

1.1.4.1　假山掇石平面形状的布置原则

假山掇石的平面形状，是以山脚平面投影的轮廓线加以表示的，对山脚轮廓进行布置称为"布脚"，在布脚时，应掌握下列原则。

① 山脚线应设计成回转自如的曲线形状，忌成为直线或直线拐角。由于曲线可以体现山形的自然美观，同时可使立面造型更加丰富灵活。而直线显得生硬呆板，并且容易形成山体的不稳定因素。

② 山脚线的凸凹曲率半径，应与立面坡度相结合进行考虑。在布脚时要考虑假山掇石高低所形成的坡度大小，对坡度平缓处，曲率半径可以大些，在坡度陡峭处，曲率半径应小些。

③ 应根据现场情况，合理地控制山脚基底面积。山脚基底所占面积越大，假山工程造价也会越高，因此，在满足山体造型和稳定的基础上，应尽可能减小山脚的占地面积。

④ 山脚平面布置的形状，要确保山体的稳定安全。当山脚布置成长条直线形状时，容易受风力和其他外力的作用，而产生向一边倾覆倒塌的危险，同时又会影响立面造型的不协调，如图 1-13（a）所示。

当山脚平面布置成长条转折形状时，虽然稳定度比长条直线较好，但仍显得不够安全，整个山体造型显得比较单调，如图 1-13(b) 所示。

如果山脚布置成向前后左右伸出余脉形状，将会获得最好的稳定性，同时也使立面造型更加丰富多彩，如图 1-13(c) 所示。

(a) 不稳定型　　　　　　　(b) 较稳定型　　　　　　　(c) 最稳定型

图 1-13　山脚平面布置

1.1.4.2　山脚平面布置的几种处理手法

(1) 山脚平面的转折处理　整个山脚的平面投影形状，可以采用转折方式的处理，使山势形成回转、凸凹，如图 1-14(a) 所示。

 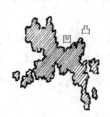 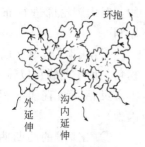

(a) 山脚平面的转折处理　　(b) 山脚凸凹的错落处理　　(c) 山脚的延伸与环抱处理

图 1-14　山脚的几种转折处理

(2) 山脚凸凹的错落处理　山脚平面采用相互之间凸凹错开布置，如前后错落、左右错落、深浅错落、曲直错落、线段长短错落等处理，可使假山形状具有丰富的变化效果，如图 1-14(b) 所示。

(3) 山脚的延伸与环抱处理　山脚向外延伸，山沟向内延伸，不但可以增添观赏效果，而且会给人造成深不可测的印象。

两条余脉形成环抱之势，可以造成假山的局部半围空间，在此空间内可以按幽静、点缀等的需要，塑造另一番天地，如图 1-14(c) 所示。

1.1.4.3 假山山脚施工

假山山脚直接落在基础之上,是山体的起始部分。山脚是假山造型的根本,山脚的造型对山体部分有很大的影响。山脚施工的主要工作内容是拉底、起脚和做脚紧密联系的三部分。

(1) 拉底 所谓拉底,就是在山脚线范围内砌筑第一层山石,即做出垫底的山石层。

① 拉底的方式。一般有满拉底和周边拉底两种。

a. 满拉底。就是在山脚线的范围内用山石满铺一层。适宜规模较小、山底面积也较小的假山,或在北方冬季有冻胀破坏地方的假山。

b. 周边拉底。则是先用山石在假山山脚沿线砌成一圈垫底石,再用乱石碎砖或泥土将石圈内全部填起来,压实后即成为垫底的假山底层。适合于基底面积较大的大型假山。

② 山脚线的处理。也有以下两种处理方式。

a. 露脚。即在地面上直接做起山底边线的垫脚石圈,使整个假山就像是放在地上似的。这种方式可以减少一点山石用量和用工量,但假山的山脚效果稍差一些。

b. 埋脚。是将山底周边垫底山石埋入土下约20cm深,可使整座假山仿佛像是从地下长出来的。在石边土中栽植花草后,假山与地面的结合就更加紧密、更加自然了。

③ 拉底的技术要求

a. 要注意选择适合的山石来做山底,不得用风化过度的、松散的山石。

b. 拉底的山石底部一定要垫平垫稳,保证不能摇动,以便于向上砌筑山体。

c. 拉底的石与石之间要紧连互咬,紧密地扣合在一起。

d. 山石之间还是要不规则地断续相间,有断有连。

e. 拉底的边缘部分,要错落变化,使山脚线弯曲时有不同的半径,凹进时有不同的凹深和凹陷宽度,要防止山脚的平直和浑圆形状。

(2) 起脚 在垫底的山石层上开始砌筑假山,就叫"起脚"。

起脚石直接作用在山体底部的垫脚石，它和垫脚石一样，都要选择质地坚硬、形状安稳实在、少有空穴的山石材料，以确保能够承受山体的重压。

① 宜小不宜大，宜收不宜放。除了土山和带石土山之外，假山的起脚安排是宜小不宜大，宜收不宜放。起脚一定要控制在地面山脚线的范围内，宁可向内收一点，也不要向山脚线外突出。这就是说山体的起脚要小，不能大于上部分准备拼叠造型的山体。即使由于起脚太小而导致砌筑山体时的结构不稳，还有可能通过补脚来加以弥补。如果起脚太大，以后砌筑山体时导致山形臃肿、呆笨，没有一点险峻的态势，就不好挽回了。到时要通过打掉一些起脚山石来改变臃肿的山形，就极易将山体结构震动松散，从而有导致整座假山倒塌的隐患。因此，假山起脚还是稍小点为好。

② 定点、摆线要准确。先选到山脚突出点的山石，并将其沿着山脚线先砌筑上，待多数主要的凸出点山石都砌筑好了，再选择和砌筑平直线、凹进线处所用的山石。这样，既确保了山脚线按照设计而成弯曲转折状，防止山脚平直的毛病，又使山脚突出部位具有最佳的形状和最好的皴纹，增加了山脚部分的景观效果。

(3) 做脚 做脚就是用山石砌筑成山脚，它是在假山的上面部分山形山势大体施工完成以后，在紧贴起脚石外缘部分拼叠山脚，以弥补起脚造型不足的一种操作技法。所做的山脚石虽然无需承担山体的重压，但却必须根据主山的上部造型来造型，既要表现出山体如同土中自然生长出来的效果，又要特别增强主山的气势和山形的完美。

① 山脚的造型。假山山脚的造型应与山体造型结合起来考虑，在做山脚的时候就要根据山体的造型而采取相适应的造型处理，才能使整个假山的造型形象浑然一体，完整且丰满。在施工中，山脚可以做成如图 1-15 所示的几种形式。

a. 凹进脚。山脚向山内凹进，随着凹进的深浅宽窄不同，脚坡做成直立、陡坡或缓坡都可以。

b. 凸出脚。是向外凸出的山脚，其脚坡可做成直立状或坡度较大的陡坡状。

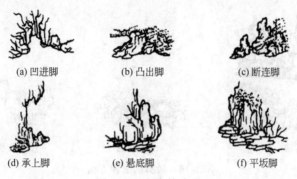

(a) 凹进脚   (b) 凸出脚   (c) 断连脚

(d) 承上脚   (e) 悬底脚   (f) 平坂脚

图 1-15 山脚的造型

  c. 断连脚。山脚向外凸出，凸出的端部与山脚本体部分似断似连。

  d. 承上脚。山脚向外凸出，凸出部分对着其上方的山体悬垂部分，起着均衡上下重力和承托山顶下垂之势的作用。

  e. 悬底脚。局部地方的山脚底部做成低矮的悬空状，与其他非悬底山脚构成虚实对比，可增强山脚的变化。这种山脚最适于用在水边。

  f. 平坂脚。片状、板状山石连续地平放山脚，做成如同山边小路一般的造型，突出了假山上下的横竖对比，使景观更为生动。

  应当指出，假山山脚不论采用哪一种造型形式，它在外观和结构上都应当是山体向下的延续部分，与山体是不可分割的整体。即使采用断连脚、承上脚的造型，也还要"形断迹连，势断气连"，要在气势上也连成一体。

  ② 做脚的方法。在具体做山脚时，可用以下三种做法，如图1-16 所示。

  a. 点脚法。主要运用于具有空透型山体的山脚造型。所谓点脚，就是先在山脚线处用山石做成相隔一定距离的点，点与点之上再用片状石或条状石盖上，这样，就可在山脚的一些局部造出小的洞穴，加强了假山的深厚感和灵秀感。在做脚过程中，要注意点脚的相互错开和点与点间距离的变化，不要造成整齐的山脚形状。同时，也要考虑到脚与脚之间的距离与今后山体造型用石时的架、

(a) 点脚法

(b) 连脚法

(c) 块面脚法

图 1-16　做脚的三种方法

跨、券等造型相吻合、相适宜。点脚法除了直接作用于起脚空透的
山体造型外，还常用于如桥、廊、亭、峰石等的起脚垫脚。

　　b. 连脚法。就是做山脚的山石依据山脚的外轮廓变化，成曲
线状起伏连接，使山脚具有连续、弯曲的线形。一般的假山都常用
这种连续做脚方法处理山脚。采用这种山脚做法，主要应注意使做
脚的山石以前错后移的方式呈现不规则的错落变化。

　　c. 块面脚法。这种山脚也是连续的，但与连脚法不同的是，
坡面脚要使做出的山脚线呈现大进大退的形象，山脚突出部分与凹
陷部分各自的整体感都要很强，而不是连脚法那样小幅度的曲折变
化。块面脚法一般用于起脚厚实、造型雄伟的大型山体。

　　山脚施工质量好坏对山体部分的造型有直接影响。山体的堆叠
施工除了要受山脚质量的影响外，还要受山体结构形式和叠石手法
等因素的影响。

1.1.5　假山山体结构及山洞结构

1.1.5.1　假山山体结构

　　山体内部的结构形式主要有四种，即环透式结构、层叠式结
构、竖立式结构和填充式结构。这几种结构的基本情况和设计要点
如下。

　　(1) 环透式结构　它是指利用多种不规则孔洞和孔穴的山石，
组成具有曲折环形通道或通透形空洞的一种山体结构。所用山石多

为太湖石和石灰岩风化的怪石，如图 1-17 所示。

(a) 结构图

(b) 实物图

图 1-17　环透式假山

（2）层叠式结构　假山结构若采用层叠式，则假山立面的形象就具有丰富的层次感，一层层山石叠砌为山体，山形朝横向伸展，或是敦实厚重，或是轻盈飞动，容易获得多种生动的艺术效果。在叠山方式上，层叠式假山又可分为以下两种：

① 水平层叠。每一块山石都采用水平状态叠砌，假山立面的主导线条都是水平线，山石向水平方向伸展。

② 斜面层叠。山石倾斜叠砌成斜卧状、斜升状，石的纵轴与水平线形成一定的夹角，角度一般为 10°～30°，最大不超过 45°。

层叠式假山石材一般可用片状的山石，片状山石最适于做叠层的山体，其山形常有"云山千叠"般的飞动感。体形厚重的块状、墩状自然山石，也可以用于层叠式假山。由这类山石做成的假山，山体充实，孔洞较少，具有浑厚、凝重、坚实的景观效果，如图1-18所示。

(a) 结构图

(b) 实物图

图 1-18　层叠式假山

（3）竖立式结构　这种结构形式可以造成假山挺拔、雄伟、高大的艺术形象。山石全部采用立式砌叠，山体内外的沟槽及山体表面的主导皴纹线，都是从下至上竖立着的，因此整个山势呈向上伸展的状态。根据山体结构的不同竖立状态，这种结构形式又分为直立结构和斜立结构两种。

① 直立结构。山石全部采取直立状态砌叠，山体表面的沟槽及主要皴纹线都相互平行并保持直立。采取这种结构的假山，要注意山体在高度方向上的起伏变化和在平面上的前后错落变化。

② 斜立结构。构成假山的大部分山石，都采取斜立状态，山

体的主导皱纹线也是斜立的。山石与地面的夹角在 45°以上、90°以下。这个夹角一定不能小于 45°，否则就成了斜卧状态而不是斜立状态。假山主体部分的倾斜方向和倾斜程度应是整个假山的基本倾斜方向和倾斜程度。山体陪衬部分则可以分为 1～3 组，分别采用不同的倾斜方向和倾斜程度，与主山形成相互交错的斜立状态，这样能够增加变化，使假山造型更加具有动感。

采用竖立式结构的假山石材，一般多是条状或长片状的山石，矮而短的山石不能多用。这是因为，长条形的山石易于砌出竖直的线条。但长条形山石在用水泥砂浆黏合成悬垂状时，全靠水泥的黏结力来承受其重量。因此，对石材质地就有了新的要求。一般要求石材质地粗糙或石面密布小孔，这样的石材用水泥砂浆作黏合材料的附着力很强，容易将山石黏合牢固，如图 1-19 所示。

(a) 结构图

(b) 实物图

图 1-19 竖立式假山

（4）填充式结构 一般的土山、带土石山和个别的石山，或者在假山的某一局部山体中，都可以采用这种结构形式。这种假山的山体内部是由泥土、废砖石或混凝土材料填充起来的，因此其结构上的最大特点就是填充。按填充材料及其功用的不同，可以将填充式假山结构分为以下三种。

① 填土结构。山体全由泥土堆填构成，或在用山石砌筑的假山壁后或假山穴坑中用泥土填实，都属于填土结构。假山采取这种结构形式，既能够造出陡峭的悬崖绝壁，又可少用山石材料，降低假山造价，而且能够确保假山有足够大的规模，也十分有利于假山上的植物配置，如图1-20所示。

图1-20　填土假山

② 砖石填充结构。以无用的碎砖、石块、灰块和建筑渣土作为填充材料，填埋在石山的内部或者土山的底部，既可增大假山的体积，又处理了园林工程中的建筑垃圾，一举两得。这种方式在一般的假山工程中都可以应用，如图1-21所示。

③ 混凝土填充结构。有时，需要砌筑的假山山峰又高又陡，在山峰内部填充泥土或碎砖石都不能确保结构的牢固，山峰容易倒塌。在这种情况下，就应该用混凝土来填充，使混凝土作为骨架，从内部将山峰凝固成一个整体。混凝土石采用水泥、砂、石按1∶2∶(4～6)的比例搅拌配制而成，主要是作为假山基础材料及山峰内部的填充材料。混凝土填充的方法是：先用山石将山峰砌筑成一个高70～120cm（要高低错落）、平面形状不规则的山石筒体，然后用C15混凝土浇筑筒中至筒的最低口处。待基本凝固时，再砌筑第二层山石筒体，并按相同的方法浇筑混凝土。如此操作，直

图 1-21 砖石填充假山

到封顶为止，就能够砌筑起高高的山峰，如图 1-22 所示。

图 1-22 混凝土填充假山

1.1.5.2 假山山顶造型

假山山顶的基本造型一般有四种，即峰顶式、峦顶式、岩顶式和平顶式。

(1) 峰顶式 峰顶式是指将假山山峰塑造成各种形式的山峰。常用山峰形式有分峰式、合峰式、剑立式、斧立式、流云式和斜立式，如图 1-23 所示。

① 分峰式。即将山顶塑造成多个高低不同的尖峰形式，既群

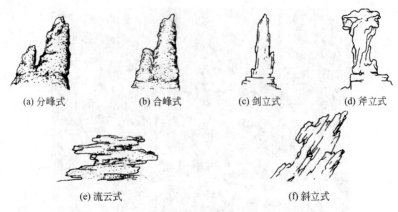

(a) 分峰式 (b) 合峰式 (c) 剑立式 (d) 斧立式

(e) 流云式 (f) 斜立式

图 1-23 峰顶造型

连而又峰离，如图 1-23(a) 所示。它适用于峰体部分有较大面积的山头造型。

② 合峰式。即将高低山峰融合在一起，高峰突出为主，低峰附属为肩，形成有峰有谷的群峰山体，如图 1-23(b) 所示。它适用于峰体部分有较大面积，并且要求突出主山峰雄伟姿态的山体。

③ 剑立式。即将山峰塑造成挺拔直立的尖顶单峰，如同石笋石林一般，如图 1-23(c) 所示。它适用于峰体部分面积较小，而山体为竖立式结构的造型。

④ 斧立式。又称冠状式，即将挺拔直立的峰尖顶塑造成峰冠，犹如立斧之状，如图 1-23(d) 所示。它多适用于观赏强的单峰石景。

⑤ 流云式。这是一种横向纹体的造型，它是将山峰做成横向延伸，层层错落，如同层云横飞、流霞盘绕之态的造型，如图 1-23(e)所示。它适用于山体为层叠式结构的情况。

⑥ 斜立式。这是流云式的改进型，即将山石斜放，层叠错落，势如奔趋之状，如图 1-23(f) 所示。它适用于山体结构为斜立式的假山。

(2) 峦顶式 即将山顶做成峰顶连绵、重峦叠嶂的一种造型。根据其做法分为圆丘式峦顶、梯台式峦顶、玲珑式峦顶和灌丛式峦顶。

① 圆丘式峦顶。即将山顶做成不规则的圆丘隆起，如同低山丘陵之状。这种峦顶观赏性较差，只适用于假山中个别小山的山顶。

② 梯台式峦顶。即用板状大块石，做成不规则的梯台状。

③ 玲珑式峦顶。即用含有许多洞眼的玲珑型山石，做成不规则的奇形怪状山头。它多用作环透式结构假山的收顶。

④ 灌丛式峦顶。即将山顶做成不规则的隆起填充土丘，在土丘上栽种耐旱灌木丛林，形成灌丛式峦顶。

(3) 岩顶式 指将山体边缘做成陡峭的山岩形式，作为登高远望的观景点。按岩顶形状分为平顶式、斜坡式、悬垂式和悬挑式。

① 平顶式岩顶。即将岩壁做成直立，岩顶用片状山石压顶，岩边以矮型直立山石围砌，使整个山崖呈平顶状。如图 1-24(a) 所示。

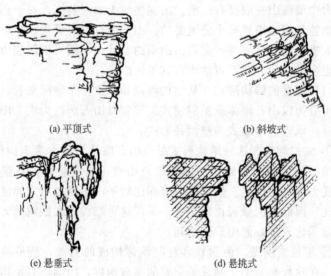

(a) 平顶式　　　　　　　　　　　(b) 斜坡式

(e) 悬垂式　　　　　　　　　　　(d) 悬挑式

图 1-24　岩顶造型

② 斜坡式岩顶。即将岩顶顺着山势收砌成斜坡状，如图 1-24(b) 所示。上顶可以是平整的斜坡，也可以是崎岖不平的斜坡。

③ 悬垂式岩顶。即将岩顶石向前悬出并有所下垂，使岩壁下部向里凹进，有垂有悬的一种悬岩，如图 1-24(c) 所示。

④ 悬挑式岩顶。即将岩顶以山石层层出挑，构成层叠式的悬岩，如图 1-24(d) 所示。

(4) 平顶式 将假山顶做成平顶，使其具有可游可憩的特点，根据需要可做成平台式、亭台式和草坪式等山顶。

① 平台式顶。即将山顶用片状山石平铺做成，边缘围砌矮石墙以作拦护，即成为平台山顶。在其上设置石桌石凳，供游人休息观景。

② 亭台式顶。即在平顶上设置亭子，与下面山洞相配合，形成另一番景象。

③ 草坪式顶。将山顶填充一些泥土，种植草坪，借以改善山顶生气。

1.1.5.3 假山洞结构

大中型假山一般要有山洞。山洞使假山幽深莫测，对于创造山景的幽静和深远境界是十分重要的。山洞本身也有景可观，能够引起游人极大的游览兴趣。在假山山洞的设计中，还可以使假山山洞产生更多的变化，从而更加丰富其景观内容。

(1) 洞壁的结构形式 从结构特点和承重分布情况来看，假山洞壁可分为以山石墙体承重的墙式洞壁和以山石洞柱为主、山石墙体为辅而承重的墙柱式洞壁两种形式。

① 墙式洞壁。这种结构形式是以山石墙体为基本承重构件的。山石墙体是用假山石砌筑的不规则石山墙，用作洞壁具有整体性好、受力均匀的优点。但洞壁内表面比较平，不易做出大幅度的凹凸变化，因此洞内景观比较平淡。采用这种结构形式做洞壁，所需石材总量比较多，假山造价稍高。

② 墙柱式洞壁。由洞柱和柱间墙体构成的洞壁，就是墙柱式洞壁。在这种洞壁中，洞柱是主要的承重构件，而洞墙只承担少量的洞顶荷载。由于洞柱支撑了主要的荷载，柱间墙就可以做得比较薄，可以节约洞壁所用的山石。墙柱式洞壁受力比较集中，壁面容易做出大幅度的凹凸变化，洞内景观自然，所用石材的总量可以比

较少，因此假山造价可以降低一些。洞柱有独立柱和连墙柱两种，独立柱有直立石柱和层叠石柱两种做法。直立石柱是用长条形山石直立起来作为洞柱，在柱底有固定柱脚的座石，在柱顶有起联系作用的压顶石。层叠石柱则是用块状山石错落层叠砌筑而成的，柱脚、柱顶也可以用垫脚座石和压顶石。

（2）山洞洞顶设计　由于一般条形假山的长度有限，大多数条石的长度都在 $1\sim 2m$，如果山洞设计为 2m 左右宽度，则条石的长度就不足以直接用作洞顶石梁，这就要采用特殊的方法才能做出洞顶来。因此，假山洞的洞顶结构一般都要比洞壁、洞底复杂一些。从洞顶的常见做法来看，其基本结构方式有三种，即盖梁式、挑梁式和拱券式。下面就这三种洞顶结构来考察它们的设计特点。

① 盖梁式洞顶。假山石梁或石板的两端直接放在山洞两侧洞柱上，呈盖顶状，这种洞顶结构形式就是盖梁式。盖梁式结构的洞顶整体性强，结构比较简单，也很稳定，因此是造山中最常用的结构形式之一。但是由于受石梁长度的限制，采用盖梁式洞顶的山洞不宜做得过宽，而且洞顶的形状往往太平整，不像自然的洞顶。因此在洞顶设计中就应对假山施工提出要求，尽可能采用不规则的条形石材来做洞顶石梁。石梁在洞顶的搭盖方式一般有以下几种，如图 1-25 所示。

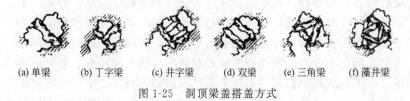

(a) 单梁　　(b) 丁字梁　　(c) 井字梁　　(d) 双梁　　(e) 三角梁　　(f) 藻井梁

图 1-25　洞顶梁盖搭盖方式

a. 单梁盖顶：即洞顶由一条石梁盖顶受力。

b. 丁字梁盖顶：由两条长石梁相交成丁字形，作为盖顶的承重梁。

c. 井字梁盖顶：两条石梁纵向并行在下，另外两条石梁横向并行搭盖在纵向石梁上，多梁受力。

d.双梁盖顶：使用两条长石梁并行盖顶，洞顶荷载分布于两条梁上。

e.三角梁盖顶：三条石梁呈三角形搭在洞顶，由三梁共同受力。

f.藻井梁盖顶：洞顶由多梁受力，其梁头交搭成藻井状。

②挑梁式洞顶。用山石从两侧洞壁洞柱向洞中央相对悬挑伸出，并合拢做成洞顶，这种结构就是挑梁式洞顶结构，如图 1-26（a）所示。

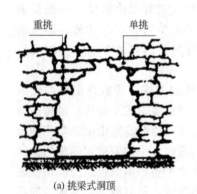

(a) 挑梁式洞顶　　　　　　　　　　　　　(b) 拱券式洞顶

图 1-26　洞顶类型

③拱券式洞顶。这种结构形式多用于较大跨度的洞顶，是用块状山石作为券石，以水泥砂浆作为黏合剂，顺序起拱，做成拱形洞顶。这种洞顶的做法也有称作造环桥法的，其环拱所承受的重力是沿着券石从中央分向两侧相互挤压传递，能够很好地向洞柱洞壁传力，因此不会像挑梁式和盖梁式洞顶那样将石梁压裂、将挑梁压塌。由于做成洞顶的石材不是平直的石梁或石板，二十多块不规则的自然山石，其结构形式又使洞顶顶壁连成一体，因此这种结构的山洞洞顶整体感很强，洞景自然变化，与自然山洞形象相近。在拱券式结构的山洞施工过程中，当洞壁砌筑到一定高度后，须先用脚手架搭起操作平台，而后人在平台上进行施工，这样就能够方便操作，同时也容易对券石进行临时支撑，能够确保拱券工作质量，如图 1-26（b）所示。

1.1.6 假山造型禁忌

为了防止在叠石造山中由于出现一些不符合审美欣赏原则的弊病而损害假山艺术形象的情况出现，弄清楚造型中有哪些禁忌和哪些应当避免的情况是很必要的。可参见图 1-27 所示。

(a) 对称居中   (b) 重心不稳   (c) 杂乱无章

(d) 纹理不顺   (e) "铜墙铁壁"   (f) "刀山剑树"

(g) "鼠洞蚁穴"   (h) "堆叠罗汉"

图 1-27　假山与石景造型的常见弊病

一忌对称居中。假山的布局不能在地块的正中，假山的主山、主峰也不要居于山系的中央位置。山头形状、小山在主山两侧的布置都不可呈对称状，要防止形成"笔架山"。在同一座山相背的两面山坡，其坡度陡缓不宜一样，应该一坡陡、一坡缓。

二忌重心不稳。视觉上的重心不稳和结构上的重心不稳都要避免。前者会破坏假山构图的均衡，给观者造成心理威胁；后者则直接产生安全隐患，可能导致山体倒塌或人员伤害。但是，在石景的造型中也不能做得四平八稳，没有一点悬险感的石景往往缺乏生动性。

三忌杂乱无章。树有枝干，山有脉络，构成假山的所有山石都不要东倒西歪地杂乱布置，要按照一定的脉络关系相互结合成有机的整体，要在变化的山石景物中加强结构上的联系和统一。

四忌纹理不顺。假山、石景的石面皴纹线条要相互理顺。不同山石平行的纹理、放射状的纹理和弯曲的纹理都要相互协调、通顺地组合在一起。即使是石面纹理很乱的山石之间，也要尽可能使纹理保持平顺状态。

五忌"铜墙铁壁"。砌筑假山石壁，不得砌成像平整的墙面一样。山石之间的缝隙也不要全都填塞，不能做成密不透风的墙体状。

六忌"刀山剑树"。相同形状、相同宽度的山峰不能重复排列过多，不能等距排列如刀山剑树般。山的宽度和位置安排要有变化，排列要有疏有密。

七忌"鼠洞蚁穴"。假山做洞不可太小气。山洞太矮、太窄、太直，都不利于观赏和游览，也不能够让人得到真山洞般的感受。这就是说，假山洞洞道的平均高度一般应在 1.9m 以上，平均宽度则应在 1.5m 以上。

八忌"堆叠罗汉"。假山石上下重叠，而又无前后左右的错落变化，则被称为"叠罗汉"。这种堆叠方式比较规整，如果是片石层叠，则如同叠饼状，在假山和石景造型中都是要尽可能避免的。

1.2 塑山、塑石工程

1.2.1 塑山、塑石设计

塑山是用雕塑艺术的手法，以天然山岩为蓝本，人工塑造的假山或石块。塑山、塑石通常有两种做法：一是钢筋混凝土塑山，二是砖石混凝土塑山，也可以两者混合使用。

1.2.1.1 钢筋混凝土塑山

钢筋混凝土塑山也叫钢骨架塑山，以钢材作为塑山的骨架，适用于大型假山的塑造。

施工工艺流程如下：

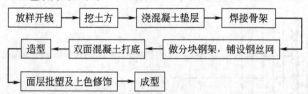

（1）基础 根据基地土壤的承载能力和山体的重量，经过计算确定其尺寸大小。通常的做法是根据山体底面的轮廓线，每隔 4m 做一根钢筋混凝土柱基，如山体形状变化大，局部柱子加密，并在柱间做墙。

（2）立钢骨架 包括浇注钢筋混凝土柱子、焊接钢骨架、捆扎造型钢筋、盖钢板网等，其做法如图 1-28 所示。其中造型钢筋架和盖钢板网是塑山效果的关键之一，目的是为造型和挂泥之用。钢筋要根据山形做出自然凹凸的变化。盖钢板网时一定要与造型钢筋贴紧扎牢，不能有浮动现象。

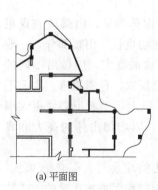

(a) 平面图

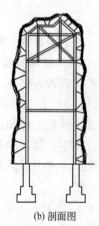

(b) 剖面图

图 1-28　钢骨架示意图

（3）面层批塑 先打底，即在钢筋网上抹灰两遍，材料配比为水泥＋黄泥＋麻刀，其中水泥与砂的比为 1：2，黄泥为总重量的 10%，麻刀适量。水灰比 1：0.4，以后各层不加黄泥和麻刀。砂浆拌和必须均匀，随用随拌，存放时间不宜超过 1h，初凝后的砂浆不能继续使用，构造如图 1-29 所示。

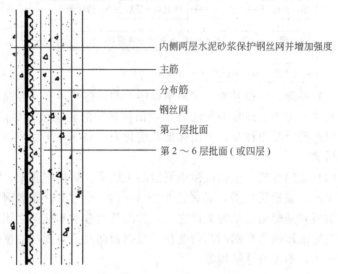

内侧两层水泥砂浆保护钢丝网并增加强度
主筋
分布筋
钢丝网
第一层批面
第 2～6 层批面 (或四层)

图 1-29　面层批塑

表面修饰主要有下列三方面的工作。

① 皱纹和质感。修饰重点在山脚和山体中部，山脚应表现粗犷，有人为破坏、风化的痕迹，并多有植物生长。山腰部分，一般在 1.8～2.5m 处是修饰的重点，追求皱纹的真实，应做出不同的面，强化力感和棱角，以丰富造型。注意层次，色彩逼真。主要手法有印、拉、勒等。山顶，一般在 2.5m 以上施工时不必做得太细致，可将山顶轮廓线渐收同时色彩变浅，以增加山体的高大和真实感。

② 着色。可直接用彩色配制，此法简单易行，但色彩呆板。另一种方法是选用不同颜色的矿物颜料加白水泥再加适量的 107 胶配制而成，颜色要仿真，可以有适当的艺术夸张，色彩要明快，着色要有空气感，如上部着色略浅，纹理凹陷部色彩要深。常用手法有洒、弹、倒、甩。刷的效果一般不好。

③ 光泽。可在石的表面涂过氧树脂或有机硅，重点部位还可

打蜡。还应注意青苔和滴水痕的表现，时间久了还会自然地长出真的青苔。

（4）其他　主要包括以下两项。

① 种植池。种植池的大小应根据植物（含土球）总重量决定池的大小和配筋，并注意留排水孔。给排水管道最好塑山时预埋在混凝土中，做时一定要做防腐处理。在兽舍外塑山时，最好同时做水池，可便于兽舍降温和冲洗，并方便植物供水。

② 养护。在水泥初凝后开始养护，要用麻袋片、草帘等材料覆盖，以免阳光直射，并每隔 2～3h 洒水一次。洒水时要注意轻淋，不能冲射。养护期不少于半个月，在气温低于 5℃时应停止洒水养护，采取防冻措施，如遮盖稻草、草包、草帘等。假山内部钢骨架、老掌筋等一切外露的金属均应涂防锈漆，并以后每年涂一次。

1.2.1.2　砖石混凝土塑山

砖骨架塑山，即以砖作为塑山的骨架，适用于小型塑山及塑石。

施工工艺流程如下：

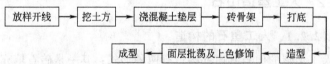

① 首先在拟塑山石土体外缘清除杂草和松散的土体，按设计要求修饰土体，沿土体外开沟做基础，其宽度和深度视基地土质和塑山高度而定。

② 接着沿土体向上砌砖，要求与挡土墙相同，但砌砖时应根据山体造型的需要而变化。如表现山岩的断层、节理和岩石表面的凹凸变化等。

③ 再在表面抹水泥砂浆，进行面层修饰。

④ 最后着色。石色水泥浆的配制方法主要有下列两种：

a. 采用彩色水泥直接配制而成，如塑红石假山则用红色水泥，塑黄石假山时采用黄色水泥。此法简便易行，但色调过于呆板和生硬，且颜色种类有限。

b. 在白水泥中掺加色料。此法可配成各种石色，且色调较为自然逼真，但技术要求较高，操作也较为烦琐。

以上两种配色方法各地可因地制宜选用。色浆配合比见表1-1。

表1-1　色浆配合比　　　　　　　　单位：kg

配合材料　仿色类型	黄石	红色山石	通用石色	白色山石
白水泥	100	100	70	100
普通水泥	—	—	30	—
氧化铁黄	5	1	—	—
氧化铁红	0.5	5	—	—
硫酸钡	—	—	—	5
107胶	适量	适量	适量	适量
黑墨汁	适量	适量	适量	—

1.2.2　人工塑造山石

1.2.2.1　人工塑石的构造

人工塑造的山石其内部构造有两种形式：其一是砖石填充物结构，其二是钢筋铁丝网结构。

(1) 砖石填充物塑石构造　如图1-30(a)所示，先按照设计的山石形体，用废旧砖石材料砌筑起来，砌体的形状与设计石形差不多。为了节省材料，可在砌体内砌出内空的石室，然后用钢筋混凝土板盖顶，留出门洞和通气口。当砌体胚形完全砌筑好后，就用1∶2或1∶2.5的水泥砂浆仿照自然山石石面进行抹面。以这种结构形式做成的人工塑石，石内有空心的，也有实心的。

(2) 钢筋铁丝网塑石构造　如图1-30(b)所示，先要按照设计的岩石或假山形体，用直径12mm左右的钢筋编扎成山石的模胚形状，作为其结构骨架。钢筋的交叉点最好用电焊焊牢，然后再用铁丝网蒙在钢筋骨架外面，并用细铁丝紧紧地扎牢。接着，就用粗砂配制的1：2水泥砂浆，从石内石外两面进行抹面。一般要抹面2～3遍，使塑石的石面壳体总厚度达到4～6cm。采用这种结构形式的塑石作品，石内一般是空的，在以后不能受到猛烈撞击，否则山石容易遭到破坏。

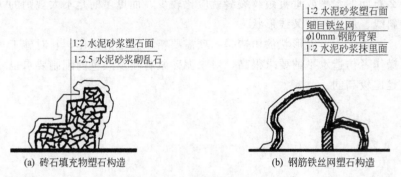

(a) 砖石填充物塑石构造　　　　(b) 钢筋铁丝网塑石构造

图1-30　人工塑石的两种构造形式

1.2.2.2　塑石的抹面处理

人工塑石能不能够仿真，关键在于石面抹面层的材料、颜色和施工工艺水平。要仿真，就要尽量采用相同的颜色，并通过精心的抹面和石面裂纹、棱角的精心塑造，使石面具有逼真的质感，方可达到做假如真的效果。

(1) 各种颜色的选用　用于抹面的水泥砂浆应当根据所仿造山石种类的固有颜色，加进一些颜料调制成有色的。例如，要仿造灰黑色的岩石，可以在普通灰色水泥砂浆中加炭黑，以灰黑色的水泥砂浆抹面；要仿造黄色砂岩，则应在水泥砂浆中加入柠檬铬黄；要仿造紫色砂岩，就要用氧化铁红将水泥砂浆调制成紫砂色；而氧化铬绿和钴蓝则可在仿造青石的水泥砂浆中加进。在配制彩色的水泥砂浆时，水泥砂浆配制时的颜色应比设计的颜色稍深一些，待塑成山石后其色度会稍稍变得浅淡。

(2) 皱纹、裂缝和棱角　石面不能用铁抹子抹成光滑的表面，而应该用木制的砂板作为抹面工具，将石面抹成稍稍粗糙的磨砂表面，才能更加接近天然的石质。石面的皱纹、裂缝、棱角应按所仿造岩石的固有棱缝来塑造。如果模仿的是水平的砂岩岩层，那么石面的皱裂及棱纹中，在横的方向上就多为比较平行的横向线纹或水平层理；而在竖向上，则一般是仿岩层自然纵裂形状，裂缝有垂直的也有倾斜的，变化就多一些。如果是模仿不规则的块状巨石，那么石面的水平或垂直皱纹裂缝就应比较少，而更多的是不太规则的斜线、曲线、交叉线形状。

总之，石面形状的仿造是一项需要精心施工的工作，它对施工操作者仿造水平的要求很高，对水泥砂浆材料及颜色的配制要求也是比较高的。

水景工程

2.1 水景工程概述

2.1.1 水景的类型与作用

2.1.1.1 水景的类型

(1) 按水体的来源和存在状态划分

① 天然型。天然型水景（图 2-1）就是景观区域毗邻天然存在的水体（如江、河、湖等）而建，经过一定的设计，把自然水景"引借"到景观区域中的水景。

图 2-1　天然型水景

② 引入型。引入型水景（图 2-2）就是天然水体穿过景观区域，或经水利和规划部门的批准把天然水体引入景观区域，并结合人工造景的水景。

图 2-2　引入型水景

③ 人工型。人工型水景（图 2-3）就是在景观区域内外均没有天然的水体，而是采用人工开挖蓄水，其所用水体完全来自人工，纯粹为人造景观的水景。

图 2-3　人工型水景

（2）按水体的形态划分　自然界中有江河、湖泊、瀑布、溪流和涌泉等自然景观，自古以来，便以它们的妩媚深深使人陶醉，因此，它们一直是诗人、画家作品中常见的题材。园林水景设计既要师法自然，又要不断创新，因此水景设计中的水按其形态可分为平静的、流动的、跌落的和喷涌的四种基本形式，如图 2-4 所示。

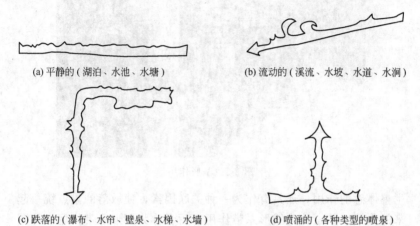

(a) 平静的（湖泊、水池、水塘）　　　　(b) 流动的（溪流、水坡、水道、水涧）

(c) 跌落的（瀑布、水帘、壁泉、水梯、水墙）　　　(d) 喷涌的（各种类型的喷泉）

图 2-4　水景的四种基本设计形式

水景的这四种基本形式还反映了水从源头（喷涌的）到过渡的形式（流动的或跌落的）、到终结（平静的）运动的一般趋势。因此在水景设计中可以以一种形式为主，其他形式为辅，也可利用水的运动过程创造水景系列，融不同水的形式于一体，体现水运动序列的完整过程。

2.1.1.2　水景的作用

(1) 景观作用　"水令人远，景得水而活"，水景是园林工程的灵魂。由于水的千变万化，在组景中常用于借声、借形、借色、对比、衬托和协调园林中不同环境，构建出不同的富于个性化的园林景观。在具体景观营造中，水景具有以下作用。

① 基底作用。大面积的水面视域开阔、坦荡，能托浮岸畔和水中景观（图 2-5）。即使水面不大，但水面在整个空间中仍具有面的感觉时，水面仍可作为岸畔和水中景观的基底，从而产生倒影，扩大和丰富空间。

② 系带作用。水面具有将不同的园林空间、景点连接起来产

图 2-5　基底作用

生整体感的作用，还具有作为一种关联因素，使散落的景点统一起来的作用。前者称为线形系带作用，后者称为面形系带作用，如图 2-6 所示。

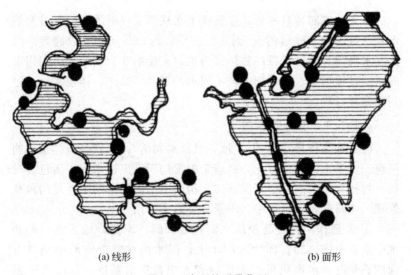

(a) 线形　　　　　　　　　　　　　　　　(b) 面形

图 2-6　水面的系带作用

③ 焦点作用。喷涌的喷泉、跌落的瀑布等动态形式的水的形

态和声响能引起人们的注意，吸引住人们的视线。此类水景通常安排在向心空间的焦点、轴线的交点、空间醒目处或视线容易集中的地方，以突出其焦点作用，如图 2-7 所示。可以作为焦点水景布置的水景设计形式有喷泉、瀑布、水帘、水墙、壁桌等，如图 2-8 所示。

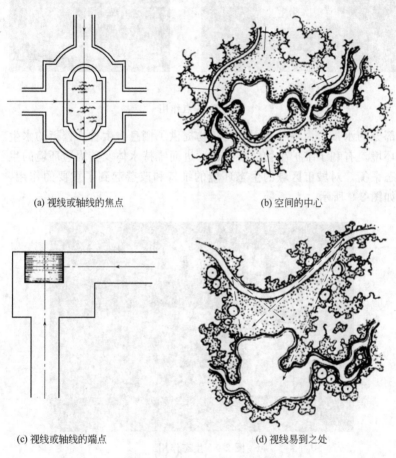

(a) 视线或轴线的焦点　　　　　　　　(b) 空间的中心

(c) 视线或轴线的端点　　　　　　　　(d) 视线易到之处

图 2-7　水景作为焦点的几种形式

（2）生态作用　地球上以各种形式存在的水构成了水圈，与大气圈、岩石圈及土壤圈共同构成了生物物质环境。作为地球水圈一

(a) 喷泉

(b) 瀑布

图 2-8　焦点作用

部分的水景，为各种不同的动植物提供了栖息、生长、繁衍的水生环境，有利于维护生物的多样性，进而维持水体及其周边环境的生态平衡，对城市区域的生态环境的维持和改善起到了重要的作用，如图 2-9 所示。

图 2-9　生态作用

（3）调节气候，改善环境质量　水景中的水，对于改善居住区环境微气候以及城市区域气候都有着重要的作用，这主要表现在它可以增加空气湿度、降低温度、净化空气、增加负氧离子、降低噪声等。

（4）休闲娱乐作用 人类本能地喜爱水，接近、触摸水都会感到舒服、愉快。在水上还能从事多项娱乐活动，如划船、垂钓、游泳等，如图 2-10 所示。因此在现代景观中，水是人们消遣娱乐的一种载体，可以带给人们无穷的乐趣。

图 2-10　休闲娱乐作用

（5）蓄水、灌溉及防灾作用 水景中大面积的水体，可以在雨季起到蓄积雨水、减轻市政排污压力、减少洪涝灾害发生的作用。而蓄积的水源，又可以用来灌溉周围的树木、花丛、灌木和绿地等。尤其是在干旱季节和震灾发生时，蓄水既可以用作饮用、洗漱等生活用水，还可用于地震引起的火灾扑救等。

2.1.2　水景设计形式

2.1.2.1　水景的表现形态

（1）幽深的水景 带状水体如河、渠、溪、涧等，当穿行在密林中、山谷中或建筑群中时，其风景的纵深感很强，水景表现出幽远、深邃的特点，环境显得平和、幽静，暗示着空间的流动和延伸。

（2）动态的水景 园林水体中湍急的流水、奔腾的跌水、狂泄的瀑布和飞涌的喷泉就是动态感很强的水景。动态水景给园林带来了活跃的气氛和勃勃的生气。

(3) 小巧的水景 一些水景形式，我国古代园林中常见的流杯池、砚池、剑池、滴泉、壁泉、假山泉等，水体面积和水量都比较小。但正由于小，才显得精巧别致、生动活泼，能够小中见大，让人感到亲切多趣。

(4) 开朗的水景 水域辽阔坦荡，仿佛无边无际。水景空间开朗、宽敞，极目远望，天连着水、水连着天，天光水色，一派空明。这一类水景主要是指江、海、湖泊。公园建在江边，就可以向宽阔的江面借景，从而获得开朗的水景。将海滨地带开辟为公园、风景区或旅游景区，也可以向大海借景，使无边无际的海面成为园林旁的开朗水景。利用天然湖泊或挖建人工湖泊，更是直接获得开朗水景的一个主要方式。

(5) 闭合的水景 水面面积不大，但也算宽阔。水域周围景物较高，向外的透视线空间仰角大于 13°，常在 18°左右，空间的闭合度较大。由于空间闭合，排除了周围环境对水域的影响，因此，这类水体常有平静、亲切、柔和的水景表现。一般的庭园水景池、观鱼池、休闲泳池等水体都具有这种闭合的水景效果。

2.1.2.2 水体的设计形式

(1) 规则式水体 这样的水体都是由规则的直线岸边和有轨迹可循的曲线岸边围成的几何图形水体。根据水体平面设计上的特点，规则式水体可分为方形系列、斜边形系列、圆形系列和方圆形系列等四类形状。

① 方形系列水体。这类水体的平面形状，在面积较小时可设计为正方形和长方形；在面积较大时，则可在正方形和长方形基础上加以变化，设计为亚字形、凸角形、曲尺形、凹字形、凸字形和组合形等。应当指出，直线形的带状水渠，也应属于矩形系列的水体形状，如图 2-11 所示。

② 斜边形系列水体。水体平面形状设计为含有各种斜边的规则几何形中顺序列出的三角形、六边形、菱形、五角形以及具有斜边的不对称、不规则的几何形。这类池形可用于不同面积大小的水体，如图 2-12 所示。

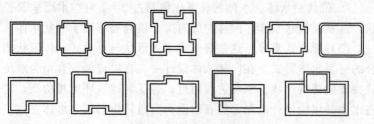

图 2-11　方形系列水体

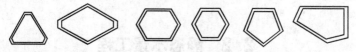

图 2-12　斜边形系列水体

③ 圆形系列水体。主要的平面设计形状有圆形、矩圆形、椭圆形、半圆形和月牙形等,这类池形主要适用于面积较小的水池,如图 2-13 所示。

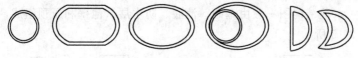

图 2-13　圆形系列水体

④ 方圆形系列水体。是由圆形和方形、矩形相互组合变化出的一系列水体平面形状,如图 2-14 所示。

图 2-14　方圆形系列水体

(2) 自然式水体　岸边的线型是自由曲线线型,由线围合成的水面形状是不规则的和有多种变异的形状,这样的水体就是自然式水体。自然式水体主要可分宽阔型和带状型两种。

① 宽阔型水体。一般的园林湖、池多是宽型的,即水体的长宽比值在 1:(1～3) 之间。水面面积可大可小,但不为狭长形状。

② 带状型水体。水体的长宽比值超过 3∶1 时，水面呈狭长形状，这就是带状水体。园林中的河渠、溪涧等都属于带状水体。

(3) 混合式水体 这是规则式水体形状与自然式水体形状相结合的一类水体形式。在园林水体设计中，在以直线、直角为地块形状特征的建筑边线、围墙边线附近，为了与建筑环境相协调，常常将水体的岸线设计成局部的直线段和直角转折形式，水体在这一部分的形状就成了规则式的。而在距离建筑、围墙边线较远的地方，自由弯曲的岸线不再与环境相冲突，就可以完全按自然式来设计。

2.2 静态水景工程

2.2.1 水池

2.2.1.1 水池结构

水池结构图一般由基础、池底、防水层、池壁和压顶组成，如图 2-15 所示。

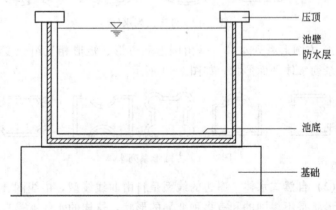

图 2-15 水池结构示意图

基础是水池的承重部分，由灰土和混凝土层组成。施工时先将基础底部素土夯实（密实度不得小于 85%）；灰土层一般厚 30cm

（3 份石灰和 7 份中性黏土）；C10 混凝土垫层厚 10～15cm。

水池工程中，防水工程质量的好坏对水池安全使用及其寿命有直接影响，因此，正确选择和合理使用防水材料是保证水池质量的关键。水池防水材料种类较多。如按材料分，主要有沥青类、塑料类、橡胶类、金属类、砂浆、混凝土及有机复合材料等；如按施工方法分，有防水卷材、防水涂料、防水嵌缝油膏和防水薄膜等。

池底与池壁直接承受水压，要求坚固耐久。

压顶属于池壁最上部分，作用是保护池壁，防止污水流入池中，也防止池水溅出。

2.2.1.2 水池底

水池在园林中的用途很广泛，可用作处理广场中心、道路尽端以及亭、廊、花架等各种建筑，形成富于变化的各种组合。这样可以在缺乏天然水源的地方开辟水面以改善局部的小气候条件，为种植、饲养有经济价值和观赏价值的水生动植物创造生态条件，并使园林空间富有生动活泼的景观。常见的喷水池、观鱼池、海兽池及水生植物种植池都属于这种水体类型。水池平面形状和规模主要取决于园林总体与详细规划中的观赏与功能要求，水景中水池的形态种类众多，深浅和池壁、池底结构及材料也各不相同。目前国内较为常见的池底结构有以下几种。

(1) 灰土层池底 当池底的基土为黄土时，可在池底做 400～450mm 厚的 3：7 灰土层，并每隔 20m 留一伸缩缝，如图 2-16(a) 所示。

(2) 聚乙烯防水薄膜层池底 当基土微漏，可采用聚乙烯防水薄膜池底做法，如图 2-16(b) 所示。

(3) 混凝土池底 当水面不大，防漏要求又很高时，可以采用混凝土池底结构。这种结构的水池，如形状比较规整，则 50m 内可不做伸缩缝；如形状变化较大，则在长度约 20m 并在断面狭窄处，做伸缩缝。一般池度可贴蓝色瓷砖或加入水泥，进行色彩上的变化，增加景观美感，如图 2-16(c) 所示。

由图 2-16 可以看出，灰土层池底由素土夯实后在池底做 400～450mm 厚的 3：7 灰土层。聚乙烯防水薄膜池底构造是在基

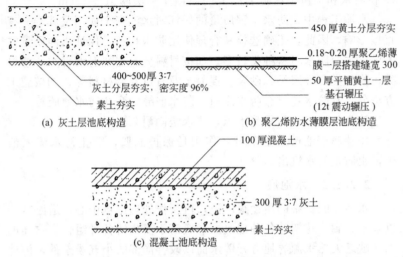

(a) 灰土层池底构造   (b) 聚乙烯防水薄膜层池底构造

(c) 混凝土池底构造

图 2-16 水池底的基本做法（单位：mm）

石碾压后平铺二层厚 50mm 黄土，再做 0.18～0.20mm 厚的聚乙烯薄膜，然后再用厚 450mm 黄土夯实。混凝土池底先将池底素土夯实，再用 3：7 灰土平铺厚 300mm，然后再铺设厚 100mm 混凝土。

2.2.1.3　刚性材料水池

(1) 堆砌山石水池　池壁的构造是先将回填素土分层夯实，然后砌 120mm 厚的砖墙，其上设 20mm 厚 1：3 水泥砂浆保护层。再将厚 20mm 1：3 水泥砂浆找平，塑料编织布刷防水涂料卷起应高于最高水位，然后砌 400～700mm 毛石，最后用 1：3 水泥砂浆堆砌自然式叠石。其基本做法如图 2-17 所示。

池底构造是先将素土夯实，然后平铺 300mm 厚的 3：7 灰土，然后涂刷防水涂料，再铺设 200mm 厚的粉砂，最后铺设 300mm 厚的砂卵石。

(2) 混凝土铺底水池　先素土夯实；铺设钢筋混凝土池底；铺设 20mm 厚 1：3 水泥砂浆保护层；铺设防水层；再次铺设 20mm 厚 1：3 水泥砂浆保护层；最后铺设 200mm 厚砂卵石。其构造如

(a) 堆砌山石水池池壁(岸)处理

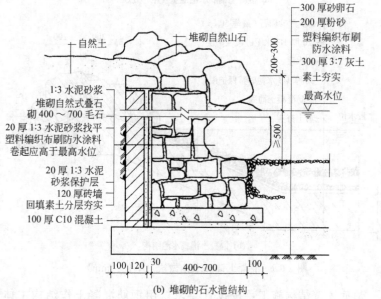

(b) 堆砌的石水池结构

图 2-17 堆砌山石水池做法（单位：mm）

图 2-18 所示。

（3）混凝土仿木桩水池 先将回填素土分层夯实；再砌 120mm 厚砖墙；铺设厚 20mm 1：3 水泥砂浆保护层，铺设防水层，然后用 10mm 厚 1：3 水泥砂浆找平；浇筑钢筋混凝土池壁。用素水泥浆涂刷结合层一道，再用 20mm 厚 1：3 水泥砂浆抹平。如图 2-19 所示。

(a) 混凝土铺底水池池壁（岸）处理

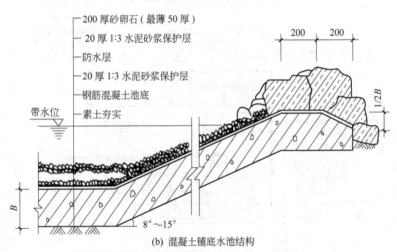

(b) 混凝土铺底水池结构

图 2-18　混凝土铺底水池做法（单位：mm）

池底、壁结构施工：按设计要求，用钢筋混凝土作结构主体的，必须先支模板，然后扎池底、壁钢筋；两层钢筋间需采用专用钢筋撑脚支撑，已完成的钢筋严禁踩踏或堆压重物。

浇捣混凝土需先底板、后池壁；如基底土质不均匀，为防止不均匀沉降造成水池开裂，可采用橡胶止水带分段浇捣；如水池面积过大，可能造成混凝土收缩裂缝的，则可采用后浇带法解决。

如要采用砖、石作为水池结构主体的，必须采用 M7.5～M10 水泥砂浆砌筑底，灌浆饱满密实，在炎热天要及时洒水养护砌筑体。

(a) 混凝土仿木桩水池池壁（岸）处理

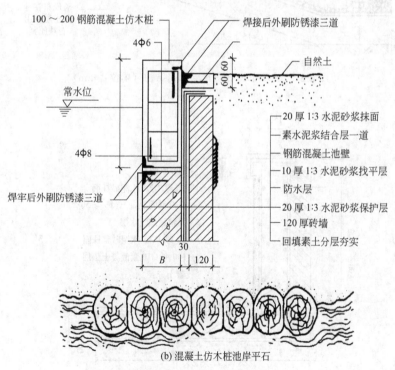

(b) 混凝土仿木桩池岸平石

图 2-19　混凝土仿木桩水池做法（单位：mm）

2.2.1.4 柔性材料水池

(1) 玻璃布沥青防水层水池 先将素土夯实后铺设 30mm 厚 3：7灰土；然后将玻璃布上抹沥青并铺贴小石子一层；最后铺设 150～200mm 厚卵石一层。其结构如图 2-20 所示。

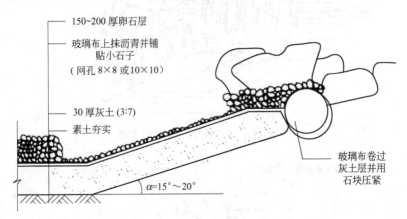

图 2-20　玻璃布沥青防水层水池结构（单位：mm）

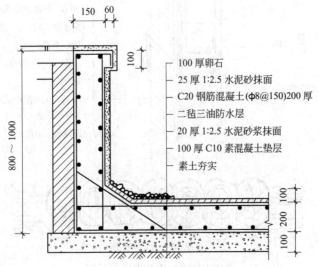

图 2-21　油毡防水层水池结构（单位：mm）

（2）油毡防水层水池　先将素土夯实后，铺设 100mm 厚 C10 素混凝土垫层；用 1：2.5 水泥砂浆抹面 20mm 厚后，铺贴二毡三油防水层；浇筑 C20 钢筋混凝土；抹厚 25mm 1：25 水泥砂浆后，铺设厚 100mm 卵石。其结构如图 2-21 所示。

（3）三元乙丙橡胶防水层　素土夯实后，平铺 300mm 厚级配砂石，浇筑 100mm 厚 C15 素混凝土基层；铺设三元乙丙橡胶防水层；铺设 20mm 厚砂垫层，再铺设 400mm×400mm×50mm 预制水泥砖。其结构如图 2-22 所示。

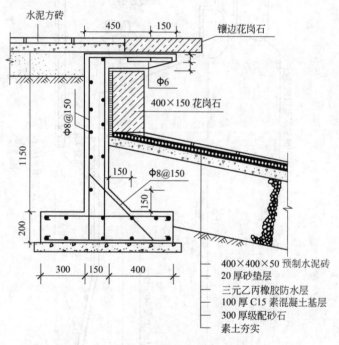

图 2-22　三元乙丙橡胶防水层水池结构（单位：mm）

2.2.1.5　水池防渗

（1）防渗方法　水池防渗的方法共有三种，如图 2-23 所示。

① 水池防渗的第一种方法如图 2-23（a）所示。这种方法的施工要点是将复合土工膜铺入浆砌石墙基槽内并预留好绕至墙背后的

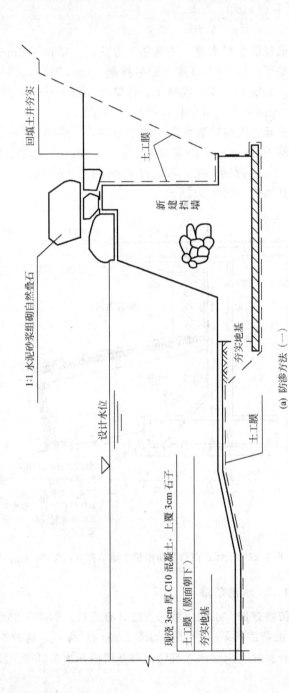

(a) 防渗方法（一）

图 2-23

回填土并夯实

土工膜

新建挡墙

1:1 水泥砂浆组砌自然叠石

夯实地基

设计水位

土工膜

现浇 3cm 厚 C10 混凝土，上覆 3cm 石子

土工膜（膜面朝下）

夯实地基

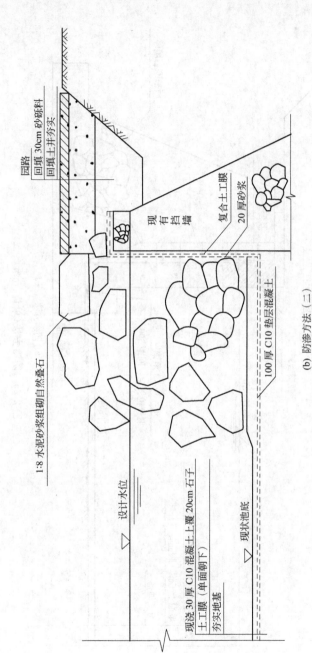

(b) 防渗方法（三）

图 2-23

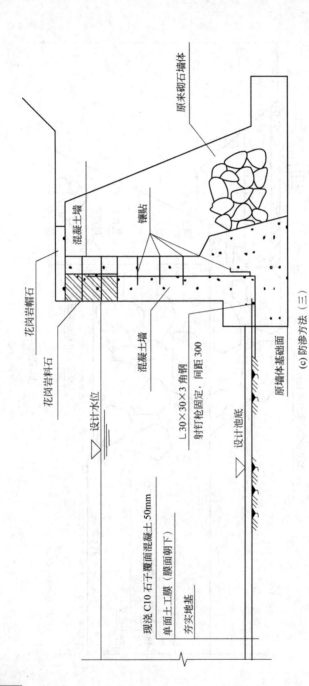

图 2-23 防渗方法（单位：mm）

(c) 防渗方法（三）

原来砌石墙体

混凝土墙

镶贴

花岗岩帽石

花岗岩料石

混凝土墙

L 30×30×3 角钢
射钉枪固定，间距 300

原墙体基础面

设计水位

设计池底

现浇 C10 石子覆面混凝土 50mm

单面土工膜（膜面朝下）

夯实地基

部分，然后在其上浇筑垫层混凝土，砌筑浆砌石墙。若土工膜在基槽内的部分有接头，应做好焊接，并检验合格后方可在其上浇筑垫层混凝土。为保护绕至背后的土工膜，应将浆砌石墙背后抹一层砂浆，形成光滑面与土工膜接触，土工膜背后回填土。土工膜应留有余量，不可太紧。

这种防渗方法主要适用于新建的岸墙。它将整个岸墙用防渗膜保护，伸缩缝位置不需经过特殊处理，若土工膜焊接质量好，土工膜在施工过程中得到良好的保护，这种岸墙防渗方法效果相当不错。

② 水池防渗的第二种方法如图 2-23（b）所示。由图可以看出，在原浆砌石挡墙内侧再砌浆砌石墙，土工膜绕至新墙与旧墙之间。这种方法适用于旧岸墙防渗加固。

这种方法中，新建浆砌石墙背后土工膜与旧浆砌石墙接触，土工膜在新旧浆砌石墙之间，与前述方法相比，土工膜的施工措施更为严格。施工时应着重采取措施保护土工膜，以免被新旧浆砌石墙破坏。旧浆砌石墙应清理干净，上面抹一层砂浆，形成光面，然后贴上土工膜。新墙应逐层砌筑，每砌一层应及时将新墙与土工膜之间的缝隙填上砂浆，以免石块扎破土工膜。

此方法在池岸防渗加固中造价要低于混凝土防渗墙，但由于浆砌石墙宽度较混凝土墙大，因此会侵占池面面积。

③ 水池防渗的第三种方法如图 2-23（c）所示。由图可以看出，池底在夯实地基后铺设单面土工膜，再浇筑 C10 石子覆面混凝土50mm。池壁将原浆砌石岸墙勾缝剔掉，清理，在其内侧浇筑30cm 厚抗冻抗渗强度等级的混凝土，在水面以上外露部分砌花岗岩料石，以保证美观。这种方法主要用于旧池区的防渗加固，较之浆砌石墙后浇土工膜的方法，这种方法可以减少占用的池区面积，保证防渗加固后池区的蓄水能力和水面面积不会大量减少。

这种岸墙防渗方法最薄弱的部位是伸缩缝处。在伸缩缝处应设止水带，止水带上部应高于设计常水位，下部与池底防渗材料固定连接，以保证无渗漏通道。保证土工膜焊接质量应注意以下几个问题。

a. 施工前应注意调节焊膜机至最佳工作状态，保证焊接过程中不出现故障而影响焊接效果，在施工过程中还应注意随时调整和控制焊膜机工作温度、速度。

b. 将要焊接部位的土工膜清理干净，保证无污垢。

c. 出现虚焊、漏焊时必须切开焊缝，使用热熔挤压机对切开损伤部位用大于破损直径一倍以上的母材补焊。

d. 土工膜焊接后，应及时对焊接质量进行检测，检测方法采用气压式检测仪。经过 10 天的现场实测，湖水位一昼夜平均下降 12mm。

这种方法的防渗材料其实就是混凝土，因此混凝土的质量好坏直接影响着该方法的防渗效果。所以在施工中一定要采取多种措施来保证混凝土的质量。保证混凝土的质量应注意以下问题：

a. 混凝土入仓前应检查混凝土的和易性，和易性不好的混凝土不得入仓。混凝土入仓时，应避免骨料集中，设专人平仓、摊开、布匀。

b. 基础和墙体混凝土浇筑时，高程控制应严格掌握，由专人负责挂线找平。

c. 对于斜支模板，支模时把钢筋龙骨与地脚插筋每隔 2m 点焊一道，防止模板在混凝土浇筑过程中上升。

d. 支模前用腻子刀和砂纸对模板进行仔细清理，不干净的模板不允许使用。

e. 混凝土入仓前把模板缝，尤其是弯道处的模板立缝堵严，防止漏浆。入仓前用清水润湿基础混凝土面，并摊铺 2cm 厚砂浆堵缝。砂浆要用混凝土原浆。混凝土平仓后及时振捣，振捣由专人负责，明确责任段，严格保证振捣质量。混凝土振捣间距应为影响半径的 1/2，即 30 型振捣棒振捣间距为 15cm，50 型振捣棒振捣间距为 25cm，避免漏振和过振。振捣时应注意紧送缓提，避免过快提振捣棒。

f. 模板的加固应使用勾头螺栓，不得用铅丝代替。

另外，料石也有一部分处于设计水位以下，其质量不但影响美观，在一定程度上也影响防渗效果。因此保证料石的砌筑质量也是保证岸墙防渗效果的一个重要方面。

保证料石的砌筑质量应注意以下几个方面：

a. 墙身砌筑前，混凝土墙顶表面清理干净，凿毛并洒水润湿，经验收合格后，进行墙身料石砌筑。

b. 料石砌筑，每 10m 一个仓，每仓两端按设计高程挂线控制高程。仓与仓间设油板，外抹沥青砂浆。平缝与立缝均设 2cm 宽，2cm 深。料石要压缝砌筑，但缝隙错开，缝宽、缝深符合设计要求；要求砂浆饱满，石与石咬砌，不出现通缝，保证墙身平顺。

c. 料石后旧岸墙与料石间的缝隙必须浇筑抗冻抗渗混凝土，以防止料石后的渗漏。混凝土浇筑前应将旧岸墙表面破损的砂浆勾缝剔除，将旧墙表面清理干净，局部旧浆砌石岸墙损坏较严重处拆除重新砌筑后再砌筑料石、浇筑混凝土。

d. 在伸缩缝处，应保证止水带位置。若料石与止水带位置冲突，可将料石背后凿去一块，保证止水带不弯曲、移位，浇筑混凝土时应特别注意将止水带部位振捣密实。

(2) 水池施工缝 水池池壁施工缝如图 2-24 所示。由图可看出，施工缝采用 3mm 厚钢板止水带，留设在底板上口 300mm 处。施工前先凿去缝内混凝土浮浆及杂物并用水冲洗干净。混凝土浇捣时，应加强接缝处的振捣，使新旧混凝土结合充分密实。

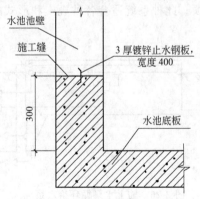

图 2-24 水池池壁施工缝的留置（单位：mm）

2.2.1.6 水池的给排水系统

(1) 直流式给水系统 直流给水系统由给水管、止回隔断阀、排水管、泄水管和溢流管组成。如图 2-25 所示。直流式给水系统，将喷头直接与给水管网连接，喷头喷射一次后即将水排至下水道。这种系统构造简单、维护简单且造价低，但耗水量较大。直流式给水系常与假山、盆景配合，作小型喷泉、瀑布、孔流等，适合在小型庭院、大厅内设置。

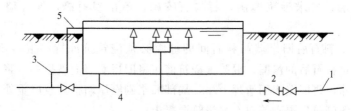

图 2-25 直流式给水系统

1—给水管；2—止回隔断阀；3—排水管；4—泄水管；5—溢流管

(2) 陆上水泵循环给水系统 陆上水泵循环给水系统由给水管、补给水井、排水管、循环水泵、溢流管和过滤器组成。如图 2-26 所示。陆上水泵循环给水系统设有贮水池、循环水泵房和循环管道。喷头喷射后的水多次循环使用，具有耗水量少、运行费用低的优点。但系统较复杂，占地较多，管材用量较大，投资费用高，维护管理麻烦。此种系统适合各种规模和形式的水景，一般用于较开阔的场所。

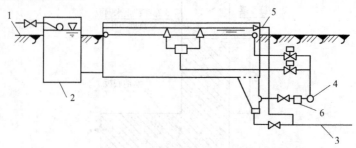

图 2-26 陆上水泵循环给水系统

1—给水管；2—补给水井；3—排水管；4—循环水泵；5—溢流管；6—过滤器

（3）潜水泵循环给水系统 潜水泵循环给水系统设有贮水池，将成组喷头和潜水泵直接放在水池内作循环使用。如图 2-27 所示。潜水泵循环给水系统具有占地少、投资低、维护管理简单、耗水量少的优点，但是水姿花形控制调节较困难。潜水泵循环给水系统适用于各种形式的中型或小型喷头、水塔、涌泉、水膜等。

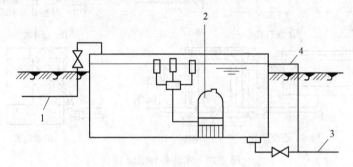

图 2-27　潜水泵循环给水系统
1—给水管；2—潜水泵；3—排水管；4—溢流管

（4）盘式水景循环给水系统 盘式水景循环给水系统由给水管、补给水井、集水井、循环泵、过滤器、喷头和踏石组成。如图 2-28 所示。盘式水景循环给水系统设有集水盘、集水井和水泵房。盘内铺砌踏石构成甬路。喷头设在石隙间，适当隐蔽。人们可在喷泉间穿行，满足人们的亲水感、增添欢乐气氛。该系统不设贮水池，给水均循环利用，耗水量少，运行费用低，但存在循环水易被污染、维护管理较麻烦的缺点。

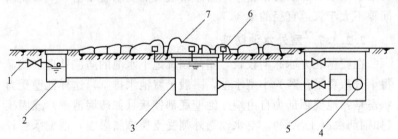

图 2-28　盘式水景循环给水系统
1—给水管；2—补给水井；3—集水井；4—循环泵；5—过滤器；6—喷头；7—踏石

(5) 溢流口 常用的溢流口有堰口式、漏斗式、连通管式和管口式。如图 2-29 所示。

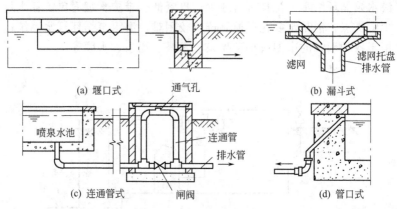

(a) 堰口式   (b) 漏斗式

(c) 连通管式   (d) 管口式

图 2-29 水池各种溢流口

为维持水池水位和进行表面排污，保持水面清洁，水池应有溢流口。大型水池宜设多个溢流口，均匀布置在水池中间或周边。溢流口的设置不能影响美观，并要便于清除积污和疏通管道。为防止漂浮物堵塞管道，溢流口要设置格栅，格栅间隙不应大于管径的1/4。

为便于清洗、检修和防止水池停用时水质腐败或池水结冰，影响水池结构，池底应有1%的坡度，坡向泄水口。若采用重力泄水有困难时，在设置循环水泵的系统中，也可利用循环水泵泄水，并在水泵吸水口上设置格栅，以防水泵装置和吸水管堵塞，一般栅条间隙不大于管道直径的1/4。

2.2.1.7 室外水池防冻

在我国北方冰冻期较长，室外园林地下水池的防冻处理，就显得十分重要了。若为小型水池，一般是将池水排空，这样池壁受力状态是：池壁顶部为自由端，池壁底部铰接（如砖墙池壁）或固接（如钢筋混凝土池壁）。空水池壁外侧受土层冻胀影响，池壁承受较大的冻胀推力，严重时会造成水池池壁产生水平裂缝或断裂。

冬季池壁防冻，可在池壁外侧采用排水性能较好的轻骨料如矿渣、焦砟或砂石等，并应解决地面排水，使池壁外回填土不发生冻胀情况，池底花管可解决池壁外积水（沿纵向将积水排除）。

在冬季，大型水池为了防止冻胀推裂池壁，可采取冬季池水不撤空，池中水面与池外地坪相持平，使池水对池壁压力与冻胀推力相抵消。因此为了防止池面结冰，胀裂池壁，在寒冬季节，应将池边冰层破开，使池子四周为不结冰的水面。

池壁防冻可以将池壁外侧掏空设置防冻沟或池壁外侧采用排水性好的轻骨料，其构造如图 2-30 所示。

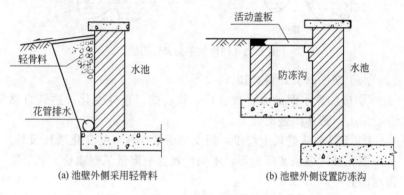

(a) 池壁外侧采用轻骨料   (b) 池壁外侧设置防冻沟

图 2-30 池壁防冻构造

2.2.2 人工湖

2.2.2.1 湖岸线设计

湖岸线平面设计形式主要以曲线为主，基本形式有心字形、云形、流水形、葫芦形和水字形。如图 2-31 所示。

人工湖水面的性质依湖面在整个园林的性质、作用、地位而有所不同。以湖面为主景的园林，往往使大的水面居于园的中心，沿岸环以假山和亭台楼阁；或在湖中建小岛，以园桥连之，空间开阔，层次深远。而以地形山体或假山建筑为主景，以湖为配景的园林，往往使水面小而多。即假山或建筑把整个湖面分成许多小块，绿水环绕着假山或建筑，其倒影映在水中，更显秀丽和妩媚，环境更加清幽。

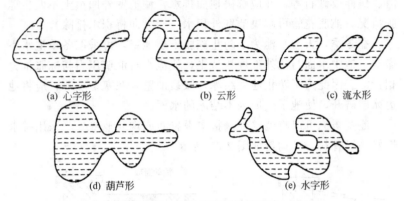

(a) 心字形　　　　(b) 云形　　　　(c) 流水形

(d) 葫芦形　　　　　　(e) 水字形

图 2-31　湖岸线平面设计形式

人工湖平面设计要点如下：

① 应注意水面的收、放、广、狭、曲、直等变化，达到自然并不留人工造作痕迹的效果。

② 不要单从造景上着眼，而要密切结合地形的变化进行设计。如果能充分考虑到实际地形，不但能极大地降低工程造价，而且能因地制宜。

③ 现代园林中较大的人工湖设计，最好能考虑到水上运动和赏景的要求。

④ 湖面设计必须和岸上景观相结合。

2.2.2.2　人工湖堤防渗漏设计

(1) 灰土层湖底　当湖的基土防水性能较好时，可在湖底做二步灰土，每 20m 留一伸缩缝，灰土在水中硬化慢、抗水性差，但当灰土硬化后，具有一定的抗水性能。灰土早期抗冻性也较差，在冬季、雨季不宜施工。如图 2-32 所示为灰土层湖底结构图。

(2) 聚乙烯薄膜防水层湖底　用塑料薄膜铺适合湖底渗漏情况中等的情况，这种方法不但造价低，而且防渗效果好。但铺膜前必须做好底层处理。如图 2-33 所示为聚乙烯防水层结构图。

(3) 混凝土底　当水面不太大、防漏要求又很高时，可采用混凝土湖底设计。如图 2-34 所示为湖底混凝土结构图。

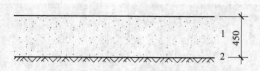

图 2-32　灰土层湖底结构图（单位：mm）

1—二步灰土；2—素土夯实

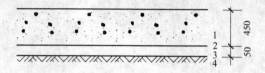

图 2-33　聚乙烯防水层结构图（单位：mm）

1—450mm 黏土分层夯实；2—0.18～0.20mm 厚聚乙烯，一层薄膜层搭建

缝宽 300mm；3—50 厚平铺黏土；4—基石碾压（12t 震动）

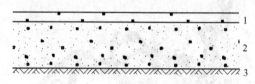

图 2-34　湖底混凝土结构图

1—100mm 厚混凝土；2—300mm 厚 3：7 灰土；3—素土夯实

2.3　动态水景工程

2.3.1　溪流

2.3.1.1　溪流的形态

　　自然界中的溪流多是在瀑布或涌泉下游形成的，上通水源，下达水体。溪岸高低错落，流水晶莹剔透，且多有散石净沙，绿草翠树，如图 2-35 所示。

　　如图 2-36 所示为溪流的一般模式，从图中可以看出：

图 2-35 溪流

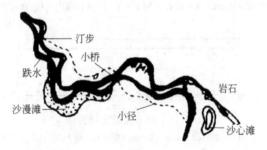

图 2-36 溪流模式图

① 小溪狭长形带状,曲折流动,水面有宽窄变化。

② 溪中常分布沙心滩、沙漫滩,岸边和水中有岩石、矶石、汀步、小桥等。

③ 岸边有可近可远的自由的小径。

自然溪流的各种形式如图 2-37 所示。

2.3.1.2 溪流的布置要点

① 溪流的形态应根据环境条件、水量、流速、水深、水面宽和所用材料进行合理的设计。其布置讲究师法自然,宽窄曲直对比强烈,空间分隔开合有序。平面上要求蜿蜒曲折,立面上要求有缓有陡,整个带状游览空间层次分明,组合有致,富于节奏感。

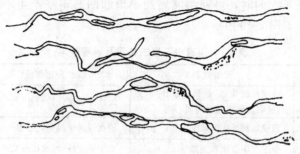

图 2-37　自然溪流的各种形式

②　溪流的坡度应根据地理条件及排水要求而定。普通溪流的坡度宜为 0.5%，急流处为 3% 左右，缓流处不超过 1%。溪流宽度宜在 1~3m，可通过溪流宽窄变化控制流速和流水形态，如图 2-38 所示。溪流水深一般为 0.3~1m，分为可涉入式和不可涉入式两种。可涉入式溪流的水深应小于 0.3m，以免儿童溺水，同时水底应做防滑处理。可供儿童嬉水的溪流，应安装水循环和过滤装置。不可涉入式溪流超过 0.4m 时，应在溪流边采取防护措施（如石栏、木栏、矮墙等）。同时宜种养适应当地气候条件的水生动植物，增强观赏性和趣味性。

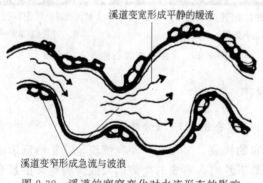

图 2-38　溪道的宽窄变化对水流形态的影响

③　溪流的布置离不开石景，在溪流中配以山石可充分展现其自然风格，表 2-1 为石景在溪流中所起到的景观效果。在溪流设计中，通过在溪道中散点山石可创造水的各种流态及声响，如

图 2-39所示。同时，可利用溪底的平坦和凹凸不平产生不同的景观效果，如图 2-40 所示。

表 2-1　溪流中石景的布置及景观效果

名称	景观效果	应用部位
主景石	形成视线焦点,起到对景作用,点题,说明溪流名称及内涵	溪流的道尾或转向处
跌水石	形成局部小落差和细流声响	铺在局部水线变化位置
溅水石	使水产生分流和飞溅	用于坡度较大、水面较宽的溪流
劈水石	使水产生分流和波动	不规则布置在溪流中间
垫脚石	具有力度感和稳定感	用于支撑大石块
抱水石	调节水速和水流方向,形成隘口	溪流宽度变窄及转向处
河床石	观赏石材的自然造型和纹理	设在水面下
踏步石	装点水面,方便步行	横贯溪流,自然布置
铺底石	美化水底,种植苔藻	多采用卵石、砾石、水刷石、瓷砖铺在基底上

上游溪底石块粗糙、高低不平，　　　下游溪底石块光滑圆润、大小一
水面上下翻银，欢快活跃　　　　　　致，水面温和而平静

图 2-39　利用水中置石创造不同景观

2.3.2　瀑布

2.3.2.1　瀑布的构成与分类

(1) 瀑布的构成　瀑布是一种自然现象，是河床造成陡坎，水从陡坎处滚落下跌时，形成的优美动人或奔腾咆哮的景观，由于遥望下垂如布，因此称瀑布，如图 2-41 所示。

瀑布一般由背景、上游积聚的水源、落水口、瀑身、承水潭及下流的溪水组成。人工瀑布常以山体上的山石、树木组成浓郁的背景，上游积聚的水（或水泵动力提水）漫至落水口。落水口也称瀑

劈水石分流水面，可渲染上游水的气氛

溅水石能产生水花，或形成小漩涡
可丰富活跃水面姿态

溪底隆起块石，增加水面的起伏变化

跌水石使水面跌落，水声跌荡

图 2-40　溪底粗糙情况不同对水面波纹的影响

图 2-41　瀑布

布口，其形状和光滑程度影响到瀑布水态，其水流量是瀑布设计的关键。瀑身是观赏的主体，落水后形成深潭经小溪流出。瀑布模式如图 2-42 所示。

（2）瀑布的分类　瀑布的设计形式比较多，如有布瀑、线瀑、直瀑、跌瀑、滑瀑、带瀑、分瀑、双瀑、偏瀑、侧瀑、射瀑、泄瀑等十几种。瀑布种类的划分依据：一是可从流水的跌落方式来划分，二是可从瀑布口的设计形式来划分，如图 2-43 所示。

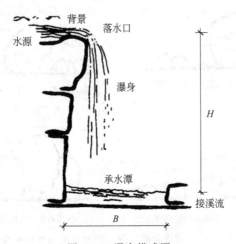

图 2-42 瀑布模式图

B—承水潭宽度；*H*—瀑身高度

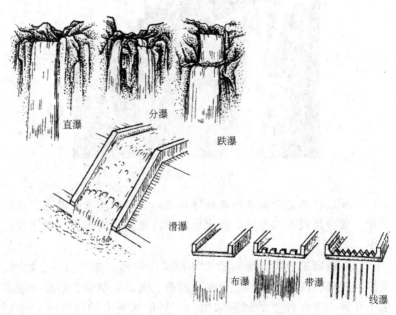

图 2-43 瀑布的分类

① 按瀑布跌落方式分，有直瀑、分瀑、跌瀑和滑瀑四种。

直瀑：即直落瀑布。这种瀑布的水流是不间断地从高处直接落入其下的池、潭水面或石面。如果落在石面，就会产生飞溅的水花并四散洒落。直瀑的落水能够造成声响喧哗，可为园林环境增添动态水声。

分瀑：实际上是瀑布的分流形式，因此又叫分流瀑布。它是由一道瀑布在跌落过程中受到中间物阻挡一分为二，分成两道水流继续跌落。这种瀑布的水声效果也比较好。

跌瀑：也称跌落瀑布，是由很高的瀑布分为几跌，一跌一跌地向下落。跌瀑适宜布置在比较高的陡坡坡地，其水形变化较直瀑、分瀑都大一些，水景效果的变化也多一些，但水声要稍弱一点。

滑瀑：就是滑落瀑布。其水流顺着一个很陡的倾斜坡面向下滑落。斜坡表面所使用的材料质地情况决定着滑瀑的水景形象。斜坡是光滑表面，则滑瀑如一层薄薄的透明纸，在阳光照射下显示出湿润感和水光的闪耀。坡面如果是凸起点（或凹陷点）密布的表面，水层在滑落过程中就会激起许多水花，当阳光照射时，就像一面镶满银色珍珠的挂毯。斜坡面上的凸起点（或凹陷点）如果做成有规律排列的图形纹样，则所激起的水花也可以形成相应的图形纹样。

② 按瀑布口的设计形式来分，有布瀑、带瀑和线瀑三种。

布瀑：瀑布的水像一片又宽又平的布一样飞落而下。瀑布口的形状设计为一条水平直线。

带瀑：从瀑布口落下的水流，组成一排水带整齐地落下。瀑布口设计为宽齿状，齿排列为直线，齿间距全部相等。齿间的小水口宽窄一致，都在一条水平线上。

线瀑：排线状的瀑布水流如同垂落的丝帘，这是线瀑的水景特色。线瀑的瀑布口形状设计为尖齿状。尖齿排列成一条直线，齿间的小水口呈尖底状。从一排尖底状小水口上落下的水，即呈细线形。随着瀑布水量增大，水线也会相应变粗。

2.3.2.2 瀑布施工

(1) 瀑布水源 瀑布施工首要的问题是瀑布给水，必须提供足够的水源。瀑布的水源有以下三种：

① 利用天然地形的水位差，这种水源要求建园范围内有泉水、溪、河道。

② 直接利用城市自来水，用后排走，但投资成本高。

③ 水泵循环供水，是较经济的一种给水方法。

不论何种水源均要达到一定的供水量。据经验，高 2m 的瀑布，每米宽度流量为 $0.5m^3/min$ 较适宜。

(2) 根据周围环境，妙在神似 瀑布施工就景观来说，不在其大小，而在于是否具备天然情趣，即所谓"在乎神而不在乎形"。因此，瀑布设计要与环境相协调，瀑身要注意水态景观，要依瀑布所在环境的特殊情况、空间气氛、欣赏距离等选择瀑布的造型。不宜将瀑布落水作等高、等距、或一直线排列，要使流水曲折、分层分段地流下，各级落水有高有低，泻水石要向外伸出。各种灰浆修补、石头接缝要隐蔽，不露痕迹。有时可根据环境需要，利用山石、树丛将瀑布泉源遮蔽以求自然之趣。

(3) 瀑布落水口处理——瀑布造型的技术关键 为保证瀑布效果，要求落水口水平光滑。因此，要重视落水口的设计与施工，以下三种方法能保证落水口有较好的出水效果：

① 落水口边缘采用青铜或不锈钢制作。

② 增加落水口顶蓄水池水深。

③ 在出水管口处加挡水板，降低流速，流速不超过 $0.9\sim1.2m/s$ 为宜。

(4) 瀑布承水潭 瀑布承水潭宽度至少应是瀑布高的 2/3，即 $B=2/3H$，以免水花溅出。承水潭池底结构如图 2-44 所示，且保证落水点为池的最深部位。

(5) 保证不漏水 循环供水瀑布就结构而言，凡瀑布流经的岩石缝隙都必须封死，防止泥土冲刷至潭中，影响瀑布水质，如图 2-45 所示。

2.3.3 跌水

2.3.3.1 跌水的特点

跌水本质上是瀑布的变异，它强调一种规律性的阶梯落水形

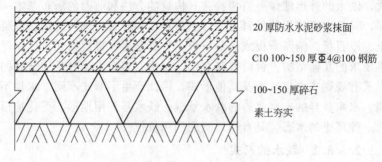

20厚防水水泥砂浆抹面

C10 100~150 厚亚4@100 钢筋

100~150 厚碎石

素土夯实

图 2-44　瀑布承水潭池底常用结构做法（单位：mm）

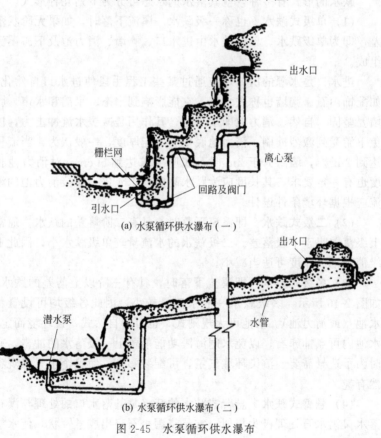

出水口

栅栏网

离心泵

回路及阀门

引水口

(a) 水泵循环供水瀑布（一）

出水口

潜水泵

水管

(b) 水泵循环供水瀑布（二）

图 2-45　水泵循环供水瀑布

式，跌水的外形就像一道楼梯。其构筑的方法和前面的瀑布基本一样，只是它所使用的材料更加自然美观，如经过装饰的砖块、混凝土、厚石板、铺路石板或条形石板，目的是要取得规则式设计所严格要求的几何结构。台阶有高有低，层次有多有少，并且构筑物的形式有规则式、自然式及其他形式，因此产生了形式不同、水量不同、水声各异的丰富多彩的跌水景观。跌水是善用地形、美化地形的一种理想的水态，具有很广泛的利用价值。

2.3.3.2 跌水的形式

跌水的形式有多种，就其落水的水态可分为下列几种形式。

(1) 单级式跌水 也称一级跌水。溪流下落时，如果无阶状落差，即为单级跌水。单级跌水由进水口、胸墙、消力池及下游溪流组成。

进水口是水源的出口，应通过某些工程手段使进水口自然化，如配饰山石。胸墙也称跌水墙，它能影响到水态、水韵和水声。胸墙要坚固、自然。消力池即承水池，其作用是减缓水流冲击力，以免下游受到激烈冲刷，消力池底要有一定厚度，一般认为，当流量达到 $2m^3/s$，墙高大于 2m 时，底厚要求达到 50cm。对消力池长度也有一定要求，其长度应为跌水高度的 1.4 倍。连接消力池的溪流应根据环境条件设计。

(2) 二级式跌水 即溪流下落时，具有二阶落差的跌水。通常上级落差小于下级落差。二级跌水的水流量较单级跌水小，因此下级消力池底厚度可适当减小。

(3) 多级式跌水 即溪流下落时，具有三阶以上落差的跌水，如图 2-46 所示。多级跌水一般水流量较小，因此各级均可设置蓄水池（或消力池）。水池可为规则式，也可为自然式，视环境而定。水池内可点铺卵石，以免水闸海漫功能削弱上一级落水的冲击。有时为了造景需要、渲染环境气氛，可配装彩灯，使整个水景景观益然有趣。

(4) 悬臂式跌水 悬臂式跌水的特点是其落水口的处理与瀑布落水口泻水石处理极为相似，它是将泻水石突出成悬臂状，使水能泻至池中间，因此使落水更具魅力。

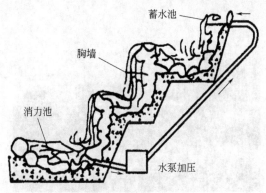

图 2-46　跌水（多级）

（5）陡坡跌水　陡坡跌水是以陡坡连接高、低渠道的开敞式过水构筑物。园林中多应用于上下水池的过渡。由于坡陡水流较急，需有稳固的基础。

2.3.3.3　跌水施工要领

① 因地制宜，随形就势。布置跌水应分析地形条件，重点着眼于地势高差变化、水源水量情况及周围景观空间等。

② 根据水量确定跌水形式。确定跌水的形式。水量大，落差单一，可选择单级跌水；水量小，地形具有台阶状落差，可选多级式跌水。

③ 利用环境，综合造景。跌水应结合泉、溪洞、水池等其他水景综合考虑，并注意利用山石、树木、藤萝隐蔽供水管、排水管，增加自然气息，丰富立面层次。

2.3.4　喷泉

2.3.4.1　喷泉的分类

（1）根据喷水的造型特点分类

① 普通装饰性喷泉。指喷水形由各种固定花形图案组成的喷泉。

② 雕塑喷泉。其喷水形与柱式、雕塑等共同组成景观，如图

2-47 所示。

图 2-47　雕塑喷泉

③ 水雕塑。指利用机械或设施塑造出各种大型水柱姿态的喷泉。

④ 自控喷泉。利用各种电子技术，按预定设计过程控制水、光、声、色，形成具有旋律和节奏变化的综合动态水景，如图 2-48所示。

图 2-48　自控喷泉

（2）根据喷水池表面是否用盖板覆盖分类

① 水池喷泉。有明显水池和池壁，喷水跌落于池水中。喷水、池水和池壁共同构成景观，如图 2-49 所示。

② 旱喷泉。水池以盖板（多用花岗岩石材）覆盖，喷水从预

图 2-49　水池喷泉

留的盖板孔中向上喷出，如图 2-50 所示。旱喷泉便于游人近水、戏水，但受气候影响大，气温较低时，常常关闭。

图 2-50　旱喷泉

2.3.4.2　喷头类型

喷头是喷泉的一个主要组成部分。它的作用是把具有一定压力的水，经过喷嘴的造型作用，在水面上空喷射出各种预想的、绚丽的水花。喷头的形式、结构、材料、外观及工艺质量等对喷水景观具有较大的影响。

制作喷头的材料应当耐磨、不易锈蚀、不易变形。常用青铜或黄铜制作喷头。近年也有用铸造尼龙制作的喷头，耐磨、润滑性好、加工容易、轻便、成本低，但易老化、寿命短、零件尺寸不易严格控制等，因此主要用于低压喷头。

喷头的种类较多，而且新形式不断出现。常用喷头可归纳为下列几种类型。

(1) 按非工作状态分类

① 外露式喷头。指非工作状态下暴露在地面以上的喷头。这类喷头构造简单、价格便宜、使用方便，对供水压力要求不高，但其射程、射角及覆盖角度不便调节且有碍园林景观。因此一般用在资金不足或喷灌技术要求不高的场合。

② 地埋式喷头。指非工作状态下埋藏在地面以下的喷头。工作时，这类喷头的喷芯部分在水压的作用下伸出地面，然后按照一定的方式喷洒；当关闭水源，水压消失后，喷芯在弹簧的作用下又缩回地面。地埋式喷头构造复杂、工作压力较高，其最大优点是不影响园林景观效果，不妨碍活动，射程、射角及覆盖角度等喷洒性能易于调节，雾化效果好，适合于不规则区域的喷灌，能够更好地满足园林绿地和运动场草坪的专业化喷灌要求。

(2) 按工作状态分类

① 单射流喷头。是压力水喷出的最基本的形式，也是喷泉中应用最广的一种喷头。可单独使用，组合使用时能形成多种样式的花型，如图 2-51 所示。

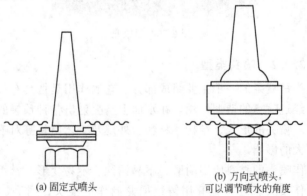

(a) 固定式喷头　　(b) 万向式喷头，
　　　　　　　　　可以调节喷水的角度

图 2-51　单射流喷头

② 喷雾喷头。这种喷头内部装有一个螺旋状导流板，使水流螺旋运动，喷出后细小的水流弥漫成雾状水滴。在阳光与水珠、水珠与人眼之间的连线夹角为 $40°36''\sim42°18''$ 时，可形成缤纷瑰丽的彩虹景观，如图 2-52 所示。

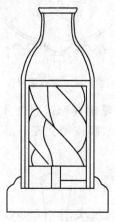

图 2-52　喷雾喷头

③ 环形喷头。出水口为环状断面，使水形成中空外实且集中而不分散的环形水柱，气势粗犷、雄伟，如图 2-53 所示。

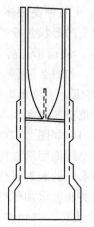

图 2-53　环形喷头

④ 旋转形喷头。利用压力由喷嘴喷出时的反作用力或用其他动力带动回转器转动，使喷嘴不断地旋转运动，如图 2-54 所示。水形成各种扭曲线形，飘逸荡漾，婀娜多姿。

图 2-54　旋转形喷头

⑤ 扇形喷头。在喷嘴的扇形区域内分布数个呈放射状排列的出水孔，可喷出扇形的水膜或像孔雀开屏一样美丽的水花，如图 2-55 所示。

图 2-55　扇形喷头

⑥ 变形喷头。这种喷头的种类很多，它们的共同特点是在出水口的前面有一个可以调节的形状各异的反射器。当水流经过时反射器起到水花造型的作用，从而形成各种均匀的水膜，如牵牛花形、扶桑花形、半球形等，如图 2-56 所示。

⑦ 吸力喷头。它利用压力水喷出时在喷嘴的喷口附近形成的负压区，在压差的作用下把空气和水吸入喷嘴外的套筒内，与喷嘴内喷出的水混合后一并喷出，如图 2-57 所示。其水柱的体积膨大，同时由于混入大量细小的空气泡而形成白色不透明的水柱。它能充分反射阳光，尤其在夜晚彩灯的照射下会更加光彩夺目。吸力喷头可分为吸水喷头、加气喷头和吸水加气喷头三种。

⑧ 多孔喷头。这种喷头可以是由多个单射流喷嘴组成的一个大喷头，也可以是由平面、曲面或半球形的带有很多细小孔眼的壳

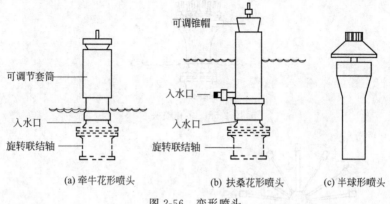

(a) 牵牛花形喷头　　　　　(b) 扶桑花形喷头　　　(c) 半球形喷头

图 2-56　变形喷头

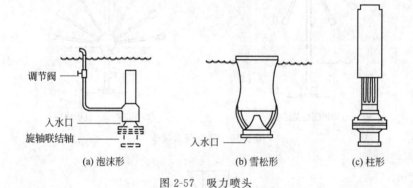

(a) 泡沫形　　　　　　(b) 雪松形　　　　　(c) 柱形

图 2-57　吸力喷头

体构成的喷头，如图 2-58 所示。多孔喷头能喷射出造型各异、层次丰富的盛开的水花。

　　⑨ 蒲公英形喷头。它是在圆球形壳体上安装多个同心放射状短管，并在每个短管端部安装一个半球形变形喷头，从而喷射出像蒲公英一样美丽的球形或半球形水花，新颖、典雅。此种喷头可单独使用，也可几个喷头高低错落地布置，如图 2-59 所示。

　　⑩ 组合喷头。指由两种或两种以上、形体各异的喷嘴，根据水花造型的需要，组合而成的一个大喷头，如图 2-60 所示。它能够形成较复杂的喷水花型。

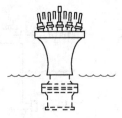

图 2-58　多孔喷头

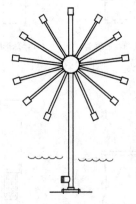

(a) 球形蒲公英形喷头

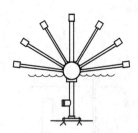

(b) 半球形蒲公英形喷头

图 2-59　蒲公英形喷头

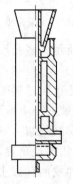

图 2-60　组合喷头

(3) 按射程分类

① 近射程喷头。指射程小于 8m 的喷头。这类喷头的工作压力低，只要设计合理，市政或局部管网压力就能满足其工作要求。

② 中射程喷头。指射程为 8～20m 的喷头。这类喷头适合于较大面积园林绿地的喷灌。

③ 远射程喷头。指射程大于 20m 的喷头。这类喷头工作压力较高，一般需要配置加压设备，以保证正常的工作压力和雾化效果。多用于大面积观赏绿地和运动场草坪的喷灌。

2.3.4.3 喷泉水型的基本形式

根据喷头类型及其组合应用方式的不同，喷水的形式多种多样，基本形式见表 2-2。大中型喷泉，通常是将数种基本形式配合使用，共同构成丰富多彩的水态。

表 2-2 喷泉水型的基本形式

名称	喷泉水型
单射型	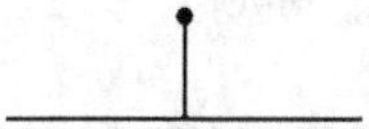
水幕型	
拱顶型	
向心型	
圆柱形	

名称	喷泉水型
编织型： 　　向外编织 　　向内编织	
篱笆型	
屋顶型	
喇叭形	
圆弧形	
蘑菇形（涌泉型）	
吸力型	
旋转型	

名称	喷泉水型
喷雾型	
洒水型	
扇形	
孔雀形	
多层花形	
牵牛花形	
半球形	
蒲公英形	

2.3.4.4 喷泉的组成

(1) 池喷 池喷是使用最多的一种喷泉形式。它以水池为依托，喷水可采用单喷或群喷，并可以与灯光和音乐结合起来，形成光控、声控喷泉。其主要结构如图 2-61 所示。

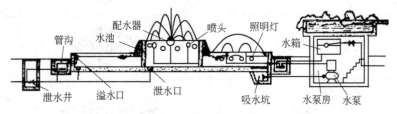

图 2-61 池喷的主要结构

① 喷水池。喷水池是池喷的重要组成部分，除维持正常的水位以确保喷水外，其本身也能独立成景，可以说是集审美功能与实用功能于一体的人工水景。

喷水池的形状可根据周围环境灵活设计。水池大小则要结合喷水高度来考虑，喷水越高，则水池越大，一般水池半径为最大喷高的 1～1.3 倍，以确保设计风速下水滴不致大量被吹失池外，并避免水的飞溅，妨碍行人通行、观赏等。实践中，如果用潜水泵供水，当水泵停止时，水位急剧升高，需考虑水池容积的预留。因此按经验吸水池的有效容积不得小于最大一台水泵 3min 的出水量。水池水深则应根据潜水泵、喷头、水下灯具的安装要求确定，综合考虑水池设计池深 500～1000mm 为宜。

a. 喷水池常见的结构与构造。

ⅰ. 基础：基础是水池的承重部分，由灰土和混凝土层组成。施工时先将基础底部素土夯实，密实度不得低于 85%。灰土层厚 30cm（3∶7 灰土），C10 混凝土厚 10～15cm。

ⅱ. 防水层：水池工程中，防水工程质量对水池安全使用及其寿命有直接影响，因此，正确选择和合理使用防水材料是确保水池质量的关键。

目前，水池防水材料种类较多。按材料分，主要有沥青类、塑料类、橡胶类、金属类、砂浆、混凝土及有机复合材料等。按施工方法分，有防水卷材、防水涂料、防水嵌缝油膏和防水薄膜等。

　　水池防水材料的选用，可根据具体要求确定，一般水池用普通防水材料即可。钢筋混凝土水池还可采用抹五层防水砂浆的（水泥中加入防水粉）做法。临时性水池则可将吹塑纸、塑料布、聚苯板组合使用，均有很好的防水效果。

　　ⅲ．池底：池底直接承受水的竖向压力，要求坚固耐久。多用现浇钢筋混凝土池底，厚度应大于 20cm，如果水池容积大，要配双层钢筋网。施工时，每隔 20m 选择最小断面处设变形缝，变形缝用止水带或沥青麻丝填充。每次施工必须从变形缝开始，不得在中间留施工缝，以免漏水，如图 2-62 所示。

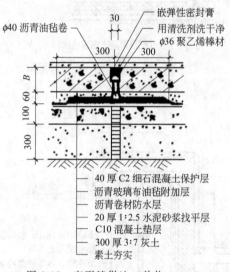

图 2-62　变形缝做法（单位：mm）

　　ⅳ．池壁：是水池竖向的部分，承受池水的水平压力。池壁一般有砖砌池壁、块石池壁和钢筋混凝土池壁三种，如图 2-63 所示。钢筋混凝土池壁厚度一般不超过 300mm，常用 150～200mm，宜配直径 8mm、12mm 的钢筋，中心距 200mm，C20 混凝土现浇，如图 2-64 所示。

　　ⅴ．压顶：是池壁最上部分，它的作用是保护池壁，避免污水

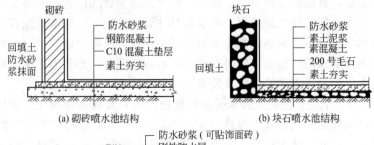

(a) 砌砖喷水池结构   (b) 块石喷水池结构

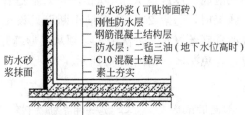

(c) 钢筋混凝土喷水池结构

图 2-63 喷水池池壁（底）的构造

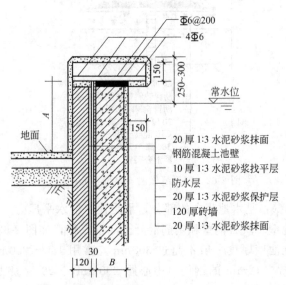

图 2-64 钢筋混凝土池壁做法（单位：mm）

泥沙流入池内。下沉式水池压顶至少要高于地面5～10cm。池壁高出地面时，压顶的做法见水池压顶做法。

b. 喷水池其他设施。喷水池中还必须配套有供水管、补给水管、泄水管和溢水管等。这些管有时要穿过池底或池壁，这时必须安装止水环，以免漏水。如图2-65所示是喷水池内管道穿过池壁的常见做法。供水管、补给水管要安装调节阀；泄水管需配单向阀门，避免反向流水污染水池；溢水管不要安装阀门，直接在泄水管单向阀门后与排水管连接。为了利于清淤，在水池的最低处设置沉泥池，也可做成集水坑，如图2-66所示。

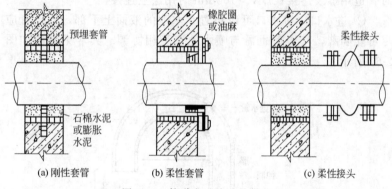

图 2-65　管道穿过池壁的做法

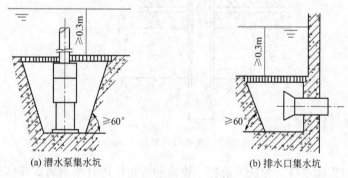

图 2-66　集水坑

喷泉工程中常用的管材有镀锌钢管（白铁管）、不镀锌钢管

（黑铁管）、铸铁管及硬聚氯乙烯塑料管等。一般埋地管道管径在70mm以上可以选用铸铁管。屋内工程或小型移动式水景工程可采用塑料管。所有埋地的钢管必须做防腐处理，方法是先将管道表面除锈，刷防锈漆两遍（如红丹漆等）。埋于地下的铸铁管，外管一律刷沥青防腐，明露部分可刷红丹漆。

钢管的连接方式有螺纹连接、焊接和法兰连接三种。镀锌管必须用螺纹连接，多用于明装管道。焊接一般用于非镀锌钢管，多用于暗装管道。法兰连接一般用在连接阀门、止回阀、水泵、水表等处以及需要经常拆卸检修的管段上。就管径而言，$DN < 100mm$时管道用螺纹连接；$DN > 100mm$时用法兰连接。

② 进水口。进水口可以设置在水池的液面上下部，且设置应尽可能隐蔽，其造型也需与喷水池造型相协调。其常见做法如图2-67所示。

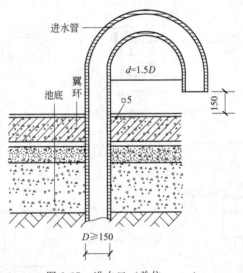

图 2-67 进水口（单位：mm）

③ 泄水口。为便于清扫、检修和防止停用时水质腐败或结冰，喷水池需设泄水口。泄水口设在水池最低处，泄水口处可设沉泥井，并设格栅或格网防止杂物堵塞，其做法如图2-68所示。

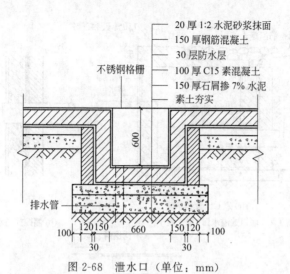

图 2-68　泄水口（单位：mm）

④ 溢水口。为确保喷水池水面具有一定的高度，水位超过溢水口标高就会流走，如果水池面积过大，可设置多个。溢水口的常见形式有堰口式、侧控式及平控式，如图 2-69 所示。

⑤ 泵房（泵坑）。泵房是指安装水泵等提水设备的常用构筑物。在喷泉工程中，凡采用清水离心泵循环供水的都要单独设置泵房，而采用潜水泵的则不需要设置泵房，一般在池底设置泵坑。

a. 离心泵泵房：泵房的形式按照泵房与地面的关系可分为地上式、地下式和半地下式三种。其中地下式泵房由于不影响喷泉环境景观，园林中使用较多。一般采用砖混结构或钢筋混凝土结构，特点是需做好防水处理，地面应有不小于 0.5% 的坡度排水，坡向集水坑，且集水坑宜设水位信号计和自动排水泵，如图 2-70 所示。

为解决地上式及半地下式水泵泵房造型与环境不协调问题，常采取以下措施：

ⅰ. 将泵房设在附近建筑物的管理用房或地下室内。

ⅱ. 将泵房或其进出口装饰成花坛、雕塑或壁画的基座、观赏或演出平台等。

ⅲ. 将泵房设计成造景构筑物，如设计成亭台水榭、装饰成跌

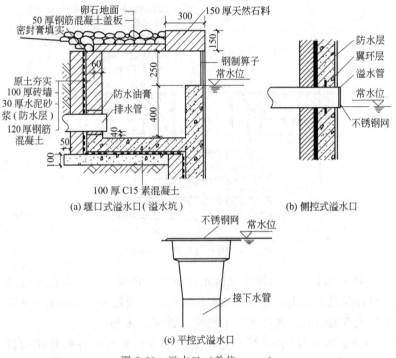

(a) 堰口式溢水口 (溢水坑)　　　　　(b) 侧控式溢水口

(c) 平控式溢水口

图 2-69　溢水口（单位：mm）

水陡坎、隐蔽在山崖瀑布的下方等。

　　b. 潜水泵泵坑：潜水泵安装较简便，可直接置于池底，也可在池底设置泵坑，兼做泄水坑。泄水时水泵的吸水口兼作泄水口，利用水泵泄水，如图 2-71 所示。

　　⑥ 补水池（箱）。由于喷水池水量会有损失，为向水池补水和维持水量的平衡，需要设置补水池（箱）。在池（箱）内设水位控制器（杠杆式浮球阀、液压式水位控制器等），保持水位稳定。并在水池与补水池（箱）之间用管道连通，使两者水位维持相同。补水池（箱）如图 2-72 所示。

　　(2) 旱喷　所谓"旱喷"是用藏在地下的承接集水池（沟）代替地面承接水池，配水管网、水泵、喷头及彩灯都安装在地下集水池（沟）内，集水池（沟）顶铺栅形盖板，且盖板与周围地坪平

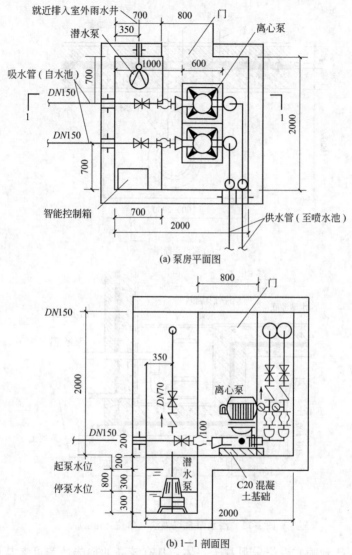

(a) 泵房平面图

(b) 1—1 剖面图

图 2-70 离心泵泵房做法（单位：mm）

齐。喷泉运行时，喷泉水柱从地面上冒出，散落在地上，并迅速流回地下集水池（沟）由水泵循环供水。旱喷常结合广场进行设计，

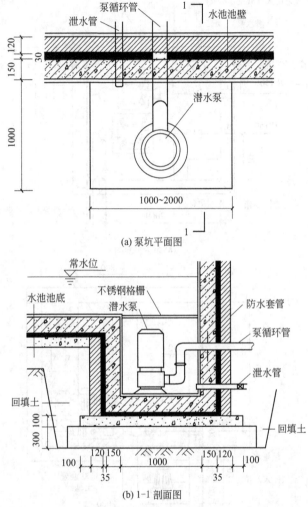

(a) 泵坑平面图

(b) 1-1 剖面图

图 2-71　潜水泵泵坑做法（单位：mm）

相对于池喷它融娱乐观赏于一体，具有较高的趣味性和可参与性。同时，停喷后不阻碍交通，可照常行人，也较节水，非常适合于宾馆、商场、街景小区等。

旱喷的效果好坏取决于喷泉造型的设计与选择，同时施工中要

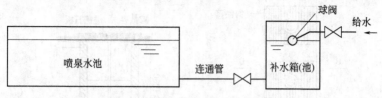

图 2-72　补水池（箱）示意图

处理好水的收集及循环系统。其设计要点如下。

① 喷射孔距离与喷出水柱高度有关。一般喷高 2m，间距在 1～2m 之间；喷出水柱高度 4m 左右，横向可在 2～4m 之间，纵向在 1～2m 之间。

② 旱喷下部可以是集水池，如图 2-73 所示，也可以是集水沟，如图 2-74 所示，在沟、池中设集水坑，坑上应有铁箅，上敷不锈钢丝网，以免杂物进入水管，回收水进入集水砂滤装置后，才能再由水泵压出。其中喷头上端箅子有外露与隐蔽两种。外露箅可采用不锈钢、铜等材料，直径 400～500mm，正中为直径 50～100mm 的喷射孔，使用时往往与效果射灯一起安装。隐蔽箅采用铸铁箅，箅上宜放不锈钢丝网，上面再铺卵石层，也可在箅上虚放花岗岩板。

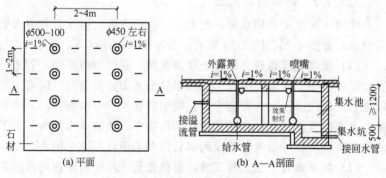

图 2-73　旱喷集水池（单位：mm）

③ 旱喷地下集水池（沟）的平面形状，取决于所在地的环境、喷泉水形及规模，主要形状有长条形、圆环形、梅花形、S 形及组

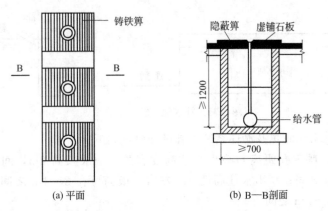

铸铁箅

(a) 平面　　　　　　　　　(b) B—B剖面

图 2-74　旱喷集水沟（单位：mm）

合形等。集水池（沟）的断面形状为矩形，有效水深不小于 90cm，集水池（沟）的有效容积取决于距水泵最远的喷头喷射、回落及地面流入集水池（沟）所需时间，即集水池（沟）的有效容积必须满足在这段时间内最大循环流量的水量。

④ 所有喷水散落地面后，经 1‰坡面流向集水口。水口可采用活动盖板，留 10～20mm 宽缝回流或采用箅子。池顶或沟顶应采用预制钢筋混凝土板，以备大修、翻新。

2.3.4.5　喷泉的管网布置

喷泉管网主要由输水管、配水管、补给水管、溢水管和泄水管等组成，如图 2-75、图 2-76 所示，布置要点简述如下。

(1) 管道地埋敷设、环形十字供水网　在小型喷泉中，管道可直接埋在土中。在大型喷泉中，如果管道多而且复杂时，应将主要管道敷设在能通行人的渠道中，在喷泉的底座下设检查井。只有那些非主要的管道，才可直接敷设在结构物中，或置于水池内。为了使喷泉获得等高的射流，喷泉配水管网多采用环形十字供水。

(2) 补给水管、溢水管、泄水管的设置　由于喷水池内水的蒸发及在喷射过程中一部分水被风吹走等造成喷水池内水量的损失，因此，在水池中应设补给水管。补给水管和城市给水管连接，并在管上设浮球阀或液位继电器，随时补充池内水量的损失，以保持水

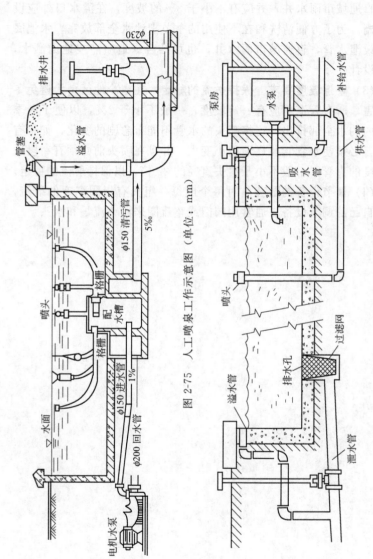

图 2-75 人工喷泉工作示意图（单位：mm）

图 2-76 喷水池管线系统示意图

位稳定。为了防止由于降雨使池水上涨造成溢流，在池内应设溢水管，直通城市雨水井，并应有不小于3％的坡度，在溢水口外应设拦污栅。为了方便清洗和在不使用的季节把池水全部放完，水池底部应设泄水管，直通城市雨水井，也可结合绿地喷灌或地面洒水，另行设计。

(3) 管道坡度要求、保持射流的稳定　在寒冷地区，为避免冬季冻害，所有管道均应有一定坡度，一般不小于2％，以便于冬季将管内的水全部排出。连接喷头的水管不能有急剧的变化，如果有变化，必须使水管管径逐渐由小变大，并且在喷头前必须有一段适当长度的直管，一般不小于喷头直径的20倍，以保持射流的稳定。

(4) 调节设备的配套　对每个或每一组具有相同高度的射流，应有自己的调节设备。通常用阀门或整流圈来调节流量和水头。

植物造景工程

3.1 植物造景的艺术

中国山水画借笔墨书写天地万物，强调"外师造化，内得心源"，注重"神似"，追求气质俱盛。在植物景观的创造中，就是运用"神似"的画理，结合植物的内涵来塑造园林景观。山水画艺术对造园、植物配置等产生了潜移默化的影响，园景融进了画意，画理指点了植物配置。因此，在进行园林植物景观设计时要注意一定的原则，使人工建造的园林融于自然环境之中。

在植物景观配置中，应遵循统一、调和、均衡、韵律四大基本原则，这些原则指明了植物配置的艺术要领。在植物景观设计中，植物的树形、色彩、线条、质地及比例都要有一定的差异和变化，显示出多样性，但又要使它们之间保持一定的相似性，引起统一感。同时，要注意植物之间的相互联系与配合，体现调和的原则，使其具有柔和、平静、舒适和愉悦的美感。在配置体量、形态、质地各异的植物时，应该遵循均衡的原则，使景观稳定、和谐。另外，在植物配置中，有规律的变化会产生韵律感。

（1）统一原则 统一原则也称变化与统一的原则或多样与统一的原则。在设计植物景观时，树形、色彩、线条、质地以及比例都要有一定的差异和变化，显示其多样性，但又要使它们之间保持一定相似性，具有统一感，这样既生动、活泼又和谐、统一。变化太多，整体就会显得杂乱无章，甚至一些局部会感到支离破碎，失去美感，过于繁杂的色彩还会使人心烦意乱、无所适从；但是如果缺少变化，片面讲求统一，平铺直叙，又会单调、呆板。因此，在植物配置时，要把握在统一中求变化、在变化中求统一的原则。

重复方法的运用最能体现出植物景观的统一感，例如在道路绿带中栽植行道树，等距离配置同种、同龄乔木树种，或在乔木下配置同种花灌木，这种精确的重复最具统一感，如图 3-1 所示。在竹园的景观设计中，众多的竹种均统一在相似的竹叶和竹竿的形状及线条之中，但是丛生竹与散生竹却有聚有散；高大的毛竹、慈竹或麻竹等与低矮的凤尾竹配置则高低错落；龟甲竹、方竹、佛肚竹的节间形状各异；粉单竹、黄金嵌碧玉竹、碧玉嵌黄金竹、黄槽竹、菲白竹等色彩多变。这些竹子经巧妙配置，很好地诠释了统一中求变化的原则。北方地区常绿景观多应用松柏类植物，松类都是松针、球果，但黑松针叶质地粗硬、浓绿；而华山松、乔松针叶质地细柔，淡绿；油松、黑松树皮褐色粗糙；华山松树皮灰绿细腻；白皮松干皮白色、斑驳，富有变化。柏科中都具有鳞叶、刺叶或钻叶，但尖峭的台湾桧、塔柏、蜀桧、铅笔柏，圆锥形的花柏、凤尾柏，球形、倒卵形的球桧、千头柏，低矮而匍匐的匍地柏、沙地柏、鹿角桧等，充分体现出不同种类的姿态万千，如图 3-1 所示。

图 3-1　植物配置统一原则

（2）调和原则　调和原则即协调和对比的原则。将具有近似性和一致性的植物配置在一起，才能产生协调感。在进行植物配置时，要注意相互之间的协调，不宜将形态姿色差异太大的树种组合在一起。相反，差异和变化可以产生对比的效果，具有强烈的刺激感，形成兴奋、热烈和奔放的感受。因此，在植物景观设计中，常用对比的手法来突出主题或引人注目，利用植物不同的形态特征如高低、姿态、叶形、叶色、花形、花色等的对比手法，表现出一定的艺术构思，衬托出美妙的植物景观。

在色彩构成中的红、黄、蓝三原色中，任何一种原色同其他两种原色混合成的间色，可以组成互补色。例如，红色与绿色互为补色、黄色与紫色互为补色、蓝色和橙色互为补色，产生出一明一暗、一冷一热的对比色，并列时相互排斥，对比强烈，呈现跳跃、新鲜的效果，用得好可以突出主题，烘托气氛。我国造园艺术中常用"万绿丛中一点红"来强调对比，这就是一例。还有，在大草坪上以一株榉树与一株银杏相配置，秋季榉树叶色紫红，枝条细柔斜出，而银杏秋叶金黄，枝条粗壮斜上，二者形成鲜明对比。

（3）均衡原则　将体量、质地各异的植物种类按均衡的原则进行配置，景观就显得稳定。如色彩浓重、体量庞大、质地粗厚、枝叶茂密的植物种类，给人以重的感觉；相反，色彩素淡、体量小巧、质地细柔、枝叶疏朗的植物种类，则给人以轻盈的感觉。根据周围环境，在配置时有规则式均衡（对称式）和自然式均衡（不对称式）两种。规则式均衡常用于规则式建筑及庄严的陵园或雄伟的皇家园林中，例如，门前两旁配置对称的两株西府海棠等；楼前配置等距离且左右对称的龙爪槐等；陵墓前、主路两侧配置对称的松或柏等。自然式均衡常用于花园、公园、植物园、风景区等比较自然的环境中，例如，在一座精致的园桥右岸种植几株高大的水杉，则邻近的左岸须植数量较多、单株体量较小且成丛的花灌木，以求一种不对称的均衡。

另外，各种植物姿态不同，有的比较规整，如石楠、臭椿等；有的具有动势，如松树、榆树、合欢等。在配置时，要讲究植物相互之间或植物与环境中其他要素之间的协调，同时还要考虑植物在不同生长阶段和季节的形态变化，以避免产生配置上的不平衡状况。

（4）韵律和节奏原则　植物配置中有规律的变化，就会产生韵律感，例如颐和园西堤、杭州白堤以桃树与柳树间隔栽植，就是典型的例子；又如云栖竹径景区两旁为参天的毛竹林，在合适的间隔距离配置一棵高大的枫香树，沿道路行走游赏时就能体会到韵律感的变化而不会感到单调。

韵律有两种，一种是"严格韵律"，另一种是"自由韵律"。道路两旁和狭长形地带的植物配置最容易体现出韵律感，要注意纵向的立体轮廓线和空间变换，做到高低搭配、起伏有致，以产生节奏韵律，避免布局呆板。

（5）层次和背景原则　为克服景观的单调，植物景观营造时应该以乔木、灌木、藤本植物、地被植物等进行多层次的配置，实现群落化的种植。不同花色、花期的植物相间分层配置，可以使植物景观丰富多彩。在配置时要注意，背景树一般宜高于前景树，栽植密度要大，最好形成绿色屏障，色调则宜深或与前景有较大的色调和色度上的差异，以加强衬托效果，植物群落配置如图3-2所示。

图3-2　植物群落配置

(6) **色彩和季相原则** 植物的干、叶、花、果的色彩十分丰富，可运用单色表现、多色配合、对比色处理，以及色调和色度逐层过渡等不同的配置方式，实现园林景物色彩构图的要求。在植物生长期内，采用适当的品种可以满足对色彩的需求，显示出季相变化。不同的植物有不同的颜色，如针叶林呈蓝绿色、常绿阔叶林呈深绿色、银白杨呈现碧绿与银白交相辉映的色相。不同种群的色相合理配置，是进行植物景观设计时应该充分考虑的。

植物在不同季节表现出的景观不同，在一年四季的生长过程中，其叶、花、果的形状和色彩随季节而变化，在开花、结果或叶色转变时，具有较高的观赏价值。植物造景要体现春、夏、秋、冬的四季植物季相，充分利用植物季相特色，并按照植物的季相演替和不同花期的特点创造园林时序景观。即使在不同的季节，在同一地区产生不同群落形象，也能给人以时令的启示，增强季节感，表现出园林景观中植物特有的艺术效果，冬季植物景观如图 3-3 所示。典型的植物景观是形成春季繁花似锦、夏季绿树成荫、秋季硕果累累、冬季枝干遒劲的演变的园林景观。

图 3-3　冬季植物景观

在不同的气候带，植物季相表现的时间不同。北京的春色季相比杭州来得迟，而秋色季相比杭州出现得早。即使在同一地区，气候的正常与否也常影响季相出现的时间和季相变化。低温和干旱会推迟草木萌芽和开花，部分树叶一般在日夜温差大时才能变红，如果霜期出现过早，则叶未变红而先落，不能产生美丽的秋色。土壤、养护管理等因素也影响季相的变化，因此季相变化可以进行人工控制。为了避免季相不明显时期的偏枯现象，可以采用不同花期的树木混合配置、增加常绿树和草本花卉等方法来延长观赏期。

3.2　建筑与园林植物的景观配置

3.2.1　现代建筑的植物配置

建筑与植物之间的关系应相互借鉴、相互补充，使景观具有画意。如果处理不当，则会导致相反的结果。如果建筑师不顾及周围的景观，一意孤行地将庞大的建筑作品拥塞到小巧的风景区或风景点上，就会导致周围的风景比例严重失调，使景观受到野蛮破坏。

3.2.1.1　现代建筑的特点

优秀的建筑作品，犹如一曲凝固的音乐，给人带来艺术的享受。但建筑的线条往往比较硬直，缺少生气。近年来，建筑设计的国际化趋势日渐明显，建筑的思想和风格也变化多样，主要考虑其实用性和观赏性，要求满足生产和建筑成本的基本要求，新的工业建筑材料特别是钢筋混凝土、平板玻璃、钢铁构件等在建筑中得到了广泛的应用，强调功能性、理性原则。这些变化和发展，对于协调植物配置提出了新的要求。

从建筑与绿化的关系来说，现代建筑大体上可以分为3类，第一类是建筑占绝对的主体地位，绿化从高度来说无法与其抗衡，如城市中的小高层、高层建筑和摩天大楼等。既然绿化在高度上无法与其匹配，故设计的重点在于绿化和建筑文脉相关性的处理上，如图3-4所示。第二类是单层、双层的小型建筑，如园林建筑小品等，这类建筑把绿化看成是其景观或功能的一部分。在此环境中，绿化与建筑的关系相当密切，设计时可把它们结合起来统一考虑。第三类建筑是处于以上两种情况的中间者，如多层建筑是城市中数量最多、处理起来最有难度的一种。在此类建筑环境中，绿化和建筑也密不可分，设计时既要考虑建筑与绿化的整体构成，又要注意建筑各局部的绿化问题。

图 3-4　高层建筑的绿化

3.2.1.2　现代建筑与园林植物配置的协调性

建筑是城市环境的一个重要组成部分，虽然现代信息共享带来人们生活方式、审美取向的日渐趋同，造成建筑风格的同化现象不可避免，但作为稳定的、不可移动的具体形象，建筑总是要借助于周围环境恰当而和谐地布局才能获得完美的造型表现。景观建筑的外部空间环境不仅同建筑形象有关，而且与建筑室外绿化景观密切相关。因此，完全可能通过迥异的建筑室内外绿化景观所带来的不同的人文视觉景观，来改善建筑的趋同性，这种特点成为一幢建筑最不易磨灭的印记。

现代建筑美从整体上说是服从于周围环境的，而绿色植物的季节性变化特点使其在营造建筑外部空间环境中成为必不可少的要素之一。空间环境的特定性，是建筑不同于其他艺术门类的重要特征。生长环境和民族文化喜好的不同，使各地域的自然植物景观呈现出巨大的差异，而建筑与周围自然环境的结合不仅反映了人与自然的和谐关系，而且造就了丰富多彩的地域景观。

3.2.1.3　现代建筑中的植物配置原则

植物是最丰富多彩、灵活多变的造景要素，展现出生机勃勃的自然生命景观，在建筑周围表达着纷繁复杂的意境。多种多样的植物配置组成的植物景观，供人们欣赏自然美，完美的植物配置也给建筑带来较好的视觉效果，增加了建筑的动态美，而植物配置群体所产生的生态效应也给人们带来了良好的环境效益。

(1) 自然式配置　建筑环境中植物的自然式配置是通过与植物群落和地形起伏的结合，从形式上来表现自然，立足于将自然生境引入建筑周围。在设计自然风景时，应从自然界中选择最美的景观片段加以运用，避免所有不和谐的因素，从而使现代建筑协调地融入自然景观之中。

(2) 规则式配置　很多现代建筑形体规则、庄重，由于场地的限制，其周边环境也多以直线形为主。因此，规则式的植物配置在现代建筑中多有应用，常见的形式有树阵等。这种配置方式能够更好地符合建筑的外部形象以及室外环境的使用功能，如图 3-5 所示。

图 3-5　规则式配置

(3) 保护型配置　对建筑及其周围环境中的植被状况和自然史进行调查研究，以及对区域植物配置与生态关系进行科学分析之后，应选择符合当地自然条件并反映当地景观特色的乡土植物，通过合理调配及组合，减少配置不当对自然环境的破坏，以保护现状良好的生态系统。因此，运用这种配置形式的建筑周边环境的植物造景，不是想当然地重复流行的形式和材料，而要适当地结合气候、土壤及其他条件，以地带性乡土植物群落展现地方景观为主。

(4) 季相型配置 利用花冠木、色叶树随季节变化而开花和叶色转变等，来表达时序更迭，展示建筑四维空间的景观，这对于丰富园林绿化景观有着很好的效果。一般来说，春季重在观花、夏季要求浓荫、秋季可用色叶树、冬季则松柏傲霜。

3.2.1.4 现代建筑不同部位的植物配置

(1) 大门 门是游客游览的必经之处，门和墙连在一起，起到分隔空间的作用。要充分利用门的造型，以门为框，通过植物配置与路、石等进行精致的构图，不但可以入画，而且可以扩大视野，延伸视线，如图 3-6 所示。

图 3-6 大门处植物配置

(2) 窗 窗是建筑绿化中可充分利用作为框景的材料。在室内，透过欣赏窗框外的植物配置，可以形成一幅生动的画面。由于窗框的尺度是固定不变的，植物却在不断生长，随着其体量增大，会破坏原有画面。因此植物配置时要选择生长缓慢且变化不大的植物，近旁再配些尺度不变的湖石增添其稳定感，可以构成有动有静、相对稳定持久的画面，如图 3-7 所示。

图 3-7　植物配置窗景

（3）墙　墙的正常功能是承重和分隔空间，但是很多墙体本身并不美观，通过对围墙的遮挡，不仅可以美化单调的墙体，而且可以使墙外远景和墙内近景有机结合成一个整体，从而扩大空间，丰富园林景色，构成景外有景、远近相衬、层次分明的优美景观。在园林中，利用墙的南面良好的小气候特点，引种栽培一些美丽的不抗寒的植物，或发展成墙园，使墙面自然气氛倍增。一般的墙园都是用藤本植物或经过整形修剪及绑扎的观花、观果灌木以及乔木来美化墙面，辅以各种球根、宿根花卉作为基础栽植，常用藤本植物有紫藤、木香、蔓性月季、地锦等。另外，建筑中的白粉墙常起到画纸的作用，通过配置观赏植物，以其自然的姿态与色彩作画，常用的植物有红枫、山茶、木香、杜鹃、构骨、南天竹等，红色的叶、花、果跃然墙上。在黑色的墙面前，宜配置开白花的植物如木绣球，其硕大饱满的圆球形白色花序明快地跳跃出来，起到了扩大空间的视觉效果。墙前的基础栽植宜选用规则式，与墙面平直的线条取得一致，在选择时应充分了解植物的生长速度，掌握其体量和比例，如图 3-8 所示。

图 3-8　围墙植物配置

（4）建筑角隅　建筑的角隅线条生硬，通过植物配置来进行缓和最为有效，宜选择观果、观叶、观花、观干等种类成丛配置，也可略作地形，竖石栽草，再植些优美的花灌木组成一景，如图 3-9所示。

3.2.2　居住区建筑的植物配置

城市居住小区大多是由城市道路或自然边界线分隔的不为城市道路穿越的完整的居住地段。随着城市人口的增加，居住小区的人口密度也在相应增大，其建筑形式也多种多样，这对居住小区的建设特别是绿化建设提出了全新的、更高的要求。

3.2.2.1　当前居住小区建筑的特点

当前居住小区的建筑布局多为混合式，小区中的绝大多数建筑为行列式布置，少量为周边式。居住小区的周边多为高层建筑，周边高，中间低，形成一个"盆地"结构，小气候明显，这对植物的选择应用会产生一定的影响，居住小区建筑周围人均绿地占有率

图 3-9　建筑角隅植物配置

低，建筑改变了周边环境的光照特点，现代居民楼外墙体多为彩色粉刷，有的还贴瓷片、封阳台，窗户也用了大量的玻璃，使阳面光照更大，阴面也不再是浓荫，尽管造成了眩光现象，但对喜光树种的生长却有积极作用。

3.2.2.2　现代住宅小区绿化环境及设计现状

现代城市住宅小区发展迅猛，住宅建筑的质量在不断提高，但是，在当前住宅小区的绿化建设上，还存在不少问题。一些住宅小区规划设计方案中缺少对于绿化的前瞻性预测，方案仅满足规范或绿化法规及条例的要求，缺乏有情趣、有人情味的可持久的绿化空间设计，尤其是对新建建筑绿化重视不够。在有些住宅小区中，草坪、花坛、绿地景观被铁栅栏、围栏包围，远远不能发挥绿化实用功能。

从植物景观上来说，住宅区没有特色，识别性不强，导致来访的客人很难快速、准确地界定其所处位置。不少小区绿化都是一片草坪中间点缀几棵乔木的形式，缺乏个性，造成一样植被、一样空间的布局形式，显然没有充分考虑居民的心理需要。

在许多住宅小区的绿化中，仍然过分追求大面积草坪以及常绿树，而忽视对落叶乔木树种的应用。草坪相对植物群落而言属于高养护性绿地，其建植及养护的费用都很高，往往会增加小区居民的经济负担。

在我国，由于物业管理刚起步，小区管理尚不完善。不少住宅小区在正式投入使用后，由于疏于管理和维护，使优美的绿化环境不能持久，从而大大降低了住宅小区环境的质量。

3.2.2.3　现代城市住宅小区建筑环境植物配置原则

随着人们环境保护意识的日益增强和对生活环境要求的不断提高，在选购住房的过程中，越来越多的人开始关注小区的景观环境；关注住宅小区内及其周边环境的自然景观与人文景观是否丰富、是否有活力和与生态协调。这种生态化的现代居住观给小区环境设计注入了新的内容，同时也提出了更高的要求。因此，在进行住宅小区的植物配置时，应坚持以科学的理论原则为指导。

(1) 绿化配置以植物群落为主　在现代化的住宅小区建筑周边环境中，植物景观是绿色的主体，植物群落应该是绿色空间环境的基础。因此，应以乔木、灌木、藤本植物、草本花卉、地被植物等进行有机结合，根据它们的种类和习性的相似性组成层次丰富且适合该地区自然环境条件的人工园林植物群落，以发挥最佳的生态效益，如图 3-10 所示。

(2) 植物景观布局的集中与分散　现代化的住宅小区特别注重居民的交流、运动和休息。如何围绕小区绿地这一共享空间组织一些有益的户外活动，丰富小区居民生活及密切人际关系，这是景观设计中的一项重要内容。因此在规划设计时，要考虑各种类型及规模的集中绿地，同时要避免过度集中的中心绿地环境因嘈杂、空旷、人员往来复杂等问题而影响居民的正常活动。这就要求在植物配置时应考虑设计一些分散的团块绿地，形成一些相对安静的空间，有利于小区住户的休息和生活，如图 3-11 所示。

(3) 绿化设计的实用性和艺术性　在住宅小区植物景观的设计与建设中，要注重实用功效和美学艺术，体现人的情感、文化品位、价值取向等。因而，在植物造景上要结合人文内涵，创造出充满情趣的生活空间。

图 3-10　绿化配置以植物群落为主

图 3-11　植物景观布局的集中与分散

　　（4）植物与建筑布局协调一致　可以根据建筑群组合不同来布置小块公共绿地，方便居民就近使用。如果建筑为行列式布局，住宅的朝向、间距排列较好，日照通风条件也较好的话，可以结合地形的变化，采用高低错落、前后参差的绿地布局形式，弥补建筑布局单调、呆板的欠缺；建筑为周边式布局时，其中有较大的空间可以创造公共绿地，形成该区的绿地中心；如果是高层塔式建筑，周围则可采用自然式布局的植物配置。对于不同类型的住宅区来说，其景观设计的方法也不一样，如表3-1所示。因此，植物景观应该与总体的规划设计相一致。

表3-1　居住区环境景观结构布局

住区分类	景观空间密度	景观布局	地形及竖向处理
高层住区	高	采用立体景观和集中布局形式。高层住区的景观总体布局可适当图案化，既要满足居民在近处观赏的审美要求，又需注重居民在居室中向下俯瞰的景观效果	通过多层次的地形塑造来增强绿视率
多层住区	中	采用相对集中、多层次的景观布局形式，保证集中景观空间合理的服务半径，尽可能满足不同年龄结构、不同心理取向的居民的群体景观需求。具体布局手法可根据住区规模及现状条件灵活多样，不拘一格，以营造出有自身特色的景观空间	因地制宜，结合住区规模及现状条件作适度的地形处理
低层住区	低	采用较分散的景观布局，使住区景观尽可能接近每户居民，景观的散点布局可结合庭院塑造尺度适人的半围合景观	地形塑造的规模不宜过大，以不影响低层住户的景观视野又可满足其私密要求为宜
综合住区	不确定	宜根据住区总体规划及建筑形式，来选用合理的布局形式	适度地形处理

3.2.2.4　居住小区建筑周边植物配置

居住区绿地是人们休息、游憩的重要场所，建筑周边环境结构比较复杂，为了创造舒适、优美、卫生的绿化环境，在植物配置上应该灵活、多变，不可单调、呆板。只有充分考虑树种的科学选择及合理配置，才能达到绿化、净化、美化的效果。

(1) 点、线、面相结合的景观布局　点是指居住小区的公共绿地，是为居民提供茶余饭后活动、休息的场所，一个小区中一般有

2～3块，其利用率高，要求位置适中以方便居民前往。其平面布置形式以规则为主的混合式为好，植物配置宜突出"乔遮荫、草铺底、花藤灌木巧点缀"的公园式绿化特点，选用垂柳、玉兰、海棠、樱花、碧桃、蜡梅、牡丹、月季、美人蕉、草坪等观赏价值高的草本及木本植物，以丛植、孤植、坛植和棚架式栽植等形式进行配置；线是指居住区的道路、围墙绿化，可栽植树冠宽阔、枝叶繁茂、遮荫效果好的乔木、开花灌木或藤本植物，如银杏、香椿、樱花、石楠、爬山虎等；面是指建筑周边绿化，包括住宅前后及两栋住宅之间的用地，如图3-12所示。

图 3-12　点、线、面相结合的景观布局

（2）模拟自然　绿地的植物配置构成了居住区绿化景观的主题，能够起到美化环境、满足人们游憩要求的作用。植物配置时应以乔、灌、藤、草相结合；常绿与落叶、速生与慢长相结合；乔、灌与地被、草坪相结合，适当应用草花等构成多层次的复合结构。保持植物群落在空间、时间上的稳定与持久，这既能满足生态效益的要求，又能维持长时间的观赏效果。

居住区绿化中也应尽量应用多种类型的植物，以达到景观的丰富性和生态的生物多样性，如表3-2所示。可采用模拟自然的生态群落式配置，利用生态位进行组合，使乔木、灌木、藤本植物、草本植物共生，让喜阳、耐阴、喜湿、耐旱的植物各得其所，如图3-13所示。

表 3-2　居住小区常见木本植物种数与其所在区域常见木本植物种数的关系

区域	常见木本植物种数	小区应达到的木本植物百分比/%	小区应达到的木本植物种数
东北地区	60	50	30
华北地区	80	40	32
华中、华东地区	120	40	48
华南地区	160	35	56

图 3-13　模拟自然

(3) 变化与统一　在统一基调的基础上，植物配置力求树种丰富、有变化，避免种类单调、配置形式雷同，树种选择和配置方式要适合不同绿地的要求。例如，在重点地方种植体形优美、季节变化强的植物；以草坪为基调，在庭院绿地中适当点缀些生长速度慢、树冠遮幅小、观赏价值高的低矮灌木，更能显示出居住小区环境的整体美，如图 3-14 所示。

(4) 线形变化，疏密有致　由于居住区绿地内平行的直线条较多，如道路、围墙、建筑等，因此植物配置时，可以利用植物林缘线的曲折变化、林冠线的起伏变化等手法，使生硬的直线条融进环境的曲线之中，如图 3-15 所示。

为了不影响居民的正常生活、休息，种植设计应做到疏密有

图 3-14　小区植物配置的变化与统一

图 3-15　线形变化

致。即宅旁活动区多为稀疏结构，使人轻松、愉快，并能获得充足的自然光；在垃圾场、锅炉房和一些环境死角外围，则密植常绿树木；道路上采用遮阴小乔木。

(5) 空间处理　除了中心绿地外，居住区的其他大部分绿地都分布在住宅前后，其布局大多以行列式为主，形成平行、等大的绿地，狭长空间的感觉非常强烈。因此，可以充分利用植物的不同组合来打破原有的僵化空间，形成活泼、和谐的空间，如图 3-16 所示。

图 3-16　空间处理

居住区由于建筑密度大，一方面地面绿地相对少，限制了绿量的扩大；另一方面，多建筑又创造了更多的再生空间，即建筑表面积，又为主体绿化开辟了广阔前景。利用居住区外高中低的结构特点，可实行低层建筑屋顶绿化；山墙、围墙可采用垂直绿化；小路和活动场所则可进行棚架绿化；阳台可以摆放花木等，以提高生态效益和景观质量。

（6）季相变化　居住区是居民生活、憩息的环境，植物配置应有四季的季相变化，使之同居民春夏秋冬的生活规律同步。要注意一年四季的季相变化，使之产生春则繁花似锦、夏则绿荫暗香、秋则霜叶似火、冬则翠绿常延的效果，植物配置冬景如图 3-17 所示。

3.2.3　标志建筑的植物配置

（1）城市标志性建筑的意义　随着城市建设的快速发展，许多城市的中心区或园区都建造了具有一定文化感与历史感的标志性建筑物，并注重强化其周边环境管理和绿化以及亮化附属配套的建设。标志性建筑不仅意味着形式上的引人瞩目，更意味着建筑所承载的某种功能得到社会的认可。

图 3-17　植物配置冬景

　　未来标志性建筑的发展趋势将是生态建筑，标志性建筑周围的绿化配置也很重要。这主要因为生态问题是人类目前所面临的最大问题，建筑的发展趋势一定是表现在对生态关注上，生态问题解决得好坏，是建筑能不能打动人心的关键。

　　(2) 标志性建筑的植物配置　标志性建筑旁的植物配置，要符合建筑物的性质和所要表现的主题，使建筑物与周围环境和谐统一。植物与建筑物配置时要注意体量、重量等比例的协调。如果建筑物体量过大且形式呆板、位置不当时，可利用植物进行遮挡或弥补。要加强建筑物的基础种植，在墙基种花草或灌木，使建筑物与地面之间有一个过渡空间，起到稳定基础的作用。在屋角点缀花木，可克服建筑物外形单调的感觉。

　　标志性建筑除了自身的轮廓、线条、色彩要与自然环境主动协调外，在园林植物的配置方面，既要栽植植物使之不孤立，但又不能喧宾夺主或者遮挡主要观赏点。

3.2.4　水边植物配置

　　水边植物配置应该讲究艺术构图。例如，在水边栽植垂柳，可形成柔条拂水的意境；在水边种植池松、落羽松、水杉及具有下垂气根的小叶榕等，均能起到以线条构图的作用。还要注意应用探向水面的枝、干，尤其是似倒未倒的水边大乔木，以起到增加水面层次和赋予野趣的作用，如图 3-18 所示。

图 3-18　水边植物配置

3.2.5　水面植物配置

水面景观低于人的视线，和水边景观相呼应，再加上水中倒影，最宜观赏。水中植物配置常用荷花来体现"接天莲叶无穷碧，映日荷花别样红"的意境。假如岸边有亭、台、楼、阁、榭、塔等园林建筑或种有优美姿态、色彩艳丽的观花、观叶树种时，水中植物配置切忌拥塞，要留出足够空旷的水面来展示美丽的倒影，如图3-19 所示。

3.2.6　园路的植物配置

园林道路是公园绿地的骨架，具有组织游览路线、连接景观区等重要功能。无论从植物种类的选择上还是搭配形式方面（包括色

图 3-19　水面植物配置

彩、层次高低、面积大小及比例等），都比城市道路配置更加丰富多样和自由生动。

3.2.6.1　园林道路植物配置的基本要求

园林道路植物配置要注意创造不同的园路景观，如山道、花径、竹径、野趣之路等。在自然式园路中，要打破一般行道树的栽植格局，两侧不一定栽植同一树种，但必须取得均衡的效果。株行距应和路旁景物结合，留出透景线，为"步移景异"创造条件。

路口可种植色彩鲜明的孤植树、树丛，或作对景、或作标志，起到导游作用。在次要园路或小路路面可应用草坪砖的形式，来丰富园路景观。规则式的园路宜有 2～3 种乔木或灌木相间搭配，形成起伏的节奏感。

3.2.6.2　不同形式园林道路的植物配置

园林道路分为主路、次路和小路，对于不同的园路类型，其植物配置方式也不一样。

(1) 主路植物配置　主路绿化常代表绿地的形象和风格，其植物配置应引人入胜，形成与其定位一致的气势和氛围。例如，在入口的主路上定距种植较大规格的高大乔木，如悬铃木、杜英、香樟、榉树等，在树下种植杜鹃、大叶黄杨、龙柏等整形灌木，节奏明快且富有韵律，景观壮美，如图 3-20 所示。

图 3-20　主路植物配置

（2）次路植物配置　次路是园中各区的主要道路，一般宽 2～3m。沿路在视觉上应有疏有密、有高有低、有遮有敞。可根据景观需要在两侧布置草坪、花丛、灌丛、树丛、孤植树等，游人沿路散步则有多种形式的体验，或在林下小憩、或穿行在花丛中赏花等，如图 3-21 所示。

（3）小路植物配置　小路主要是为游人在宁静的休息区中漫步而设置的，一般仅宽 1～1.5m。小路的形式蜿蜒曲折，植物配置应以自然式为宜。竹径通幽是中国传统园林中经常应用的造景手法，竹生长迅速、适应性强、常绿、清秀、挺拔，具有文化内涵，在现代绿地景观设计中仍然得到广泛应用，如图 3-22 所示。

3.2.7　立体绿化植物配置

3.2.7.1　屋顶绿化（花园）的植物配置

（1）特点　屋顶绿化（花园）除应用了造园艺术，还涉及建筑结构承重、屋顶防水及排水构造、植物生态特性、种植技巧等多项有别于露地造园的技术难题。屋顶花园成败的关键在于减轻屋顶荷载、改良种植土壤、植物选择和植物设计等问题。因此，在屋顶花园中一般不会设置大规模的自然山水、石材、廊架等，地形处理上

图 3-21 次路植物配置

图 3-22 小路植物配置

以平地为主,一般为浅水池并多用喷泉来丰富水景。屋顶花园的设计和建造应以植物造景为主,把生态功能放在首位,因此植物配置在屋顶花园的建造中起着十分重要的作用。

屋顶绿化(花园)往往处于较高位置,风力比较大,另外还有土层薄、光照时间长、昼夜温差大、湿度小和土壤含水量少等特点，因此植物配置时最好选择喜光、耐寒、耐热、耐旱、耐瘠薄且生命力旺盛的花草树木，最好使用须根较多、水平根系发达、能适应土层浅薄的树种，尽量少用高大有主根的乔木，若要使用稍大的乔木，其位置应设计在承重柱与主墙所在的位置上，不要在屋面板上，还要采取加固措施以保护乔木的正常生长。最后还应该注意，由于屋顶花园较少应用乔木，而灌木和草本花卉较多，所以设计时应做到树木花草高矮疏密、错落有致、色彩搭配和谐。

我国南方地区气候温暖、空气湿度较大，所以浅根性，树姿轻盈、秀美，花、叶观赏性高的植物种类都很适宜配置于屋顶花园中，尤其在屋顶铺以草皮，其上再植以花卉和花灌木，其效果更佳。而在北方地区实施屋顶绿化的困难较大，因为北方冬季严寒，屋顶薄薄的土层很容易冻透，在土壤解冻前，早春的旱风易将植物吹干，因此适宜选用抗旱、耐寒的草种、宿根、球根花卉以及乡土花灌木，也可采用盆栽、桶栽植物，便于冬天移至室内过冬。

(2) 布局　相对于地面的公园、游园等绿地来讲，屋顶花园面积较小，必须精心设计，才能获得较为理想的艺术效果。屋顶花园的植物配置方式与园林设计的原理是一脉相承的，在形式上可分为自然式、规则式和混合式 3 种。

① 自然式布局。自然式布局一般采取自然式园林的布局手法，除园林空间的组织、地形地物的处理外，植物配置均以自然的手法，以求一种连续的自然园林组合。讲究植物的自然形态与建筑、山水、色彩的协调配合关系，植物配置注重树木花卉的四季生态，高矮搭配，疏密有致，追求的是色彩、层次丰富的植物群落轮廓。

② 规则式布局。规则式布局注重装饰性的植物景观效果，强调动态与秩序的变化。在植物配置上形成规则的、有层次的、交替的组合，表现出庄重、典雅、宏大的气氛。多采用不同色彩的植物进行搭配，园林效果更为醒目。在规则式布局中，修剪式植物图案点缀配合精巧的小品，常使不大的屋顶空间变成景观丰富、视野开阔的区域。

③ 混合式布局。混合式屋顶花园植物布局注重自然与规则的

协调与统一，追求园林的共融性，自成一体，其空间构成在点的变化中形成多样的统一，不强调植物景观的连续，而更多地注意个性的变化。目前在屋顶花园中较多使用混合式的植物布局。

（3）不同类型屋顶绿化（花园）的植物配置　在进行屋顶花园的植物景观设计中，还应该把地方文化充分地融入园林景观和园林空间中，并运用不同的植物造园手法创造一个源于自然、高于自然的园林景观。以人为本，充分考虑人的心理、人的行为，进行屋顶花园的植物规划设计。

① 公共游憩性屋顶花园的设计。除具有绿化效益外，这种形式的屋顶花园还是一种集活动、游乐为一体的公共场所，在设计上应考虑到它的公共性。在植物配置、出入口设计、园路布局、小品设置等方面要符合人们在屋顶上活动、休息等需要。种植设计应以草坪、小灌木及花卉为主，在园中设置少量坐椅，并将小型园林小品点缀掩映在绿色的植物景观之中。

宾馆、酒店的屋顶花园已成为其组成部分之一，可以招揽顾客，提供夜生活的场所。例如，可以在屋顶花园上开办露天歌舞会、冷饮茶座等，花园的布局应以小巧、精美为主，以保证有较大的活动空间，植物配置应满足以上功能的要求，植物选择也应以高档、芳香的种类为主。

② 家庭式屋顶小花园植物配置。多层阶梯式住宅公寓的出现，使屋顶小花园走入了家庭。这类小花园面积较小，一般不设置小品，以植物配置为主，充分利用空间作垂直绿化，还可以进行一些趣味性种植，以领略城市中早已失去的农家氛围。例如，在楼顶平台砌花池栽些浅根性花草，或搭建棚架植几株葡萄、丝瓜、牵牛花等藤本植物，既降低了顶层温度，又能提供休闲场所。华南某些屋顶花园爬满炮仗花丛，无花时犹如乡间茅舍，充满田园情趣；开花时一片繁花似锦，丰富了建筑的色彩。

另一类家庭式屋顶小花园分布于写字楼楼顶，主要作为接待客人、洽谈业务、员工休息的场所。这类花园应布置一些精美的小品，如小水景、小藤架，小凉亭等；或设置反映企业精神风貌的微型雕塑、小型壁画等，并有序种植一些较名贵的植物。

③ 科研、生产用屋顶花园的植物配置。以科研、生产为目的的屋顶花园可以设置小型温室，用于培育引种珍奇植物品种，以及观赏植物、盆栽瓜果的培育，既有绿化效益，又有一定的经济收入。这类花园的设置一般应有必要的养护设施，而且种植池和人行道多为规则式布局，植物配置也应符合形式，形成规则的、整体地毯式的种植区。

3.2.7.2 墙面绿化植物配置

只要条件允许，高大建筑物、居民楼及其他防护墙体两侧都应进行垂直绿化。在墙体的墙根两侧，可以栽植具有吸附、攀缘性质的植物，数株藤本植物就可起到遮阴、覆盖墙面、改善环境的作用，形成苍翠欲滴的绿色屏幕。

粗糙质地的建筑墙面适宜用紫藤等粗壮的藤本植物进行美化，但对于质地细腻的瓷砖、马赛克及比较精细的耐火砖墙，则应选择纤细的攀缘植物来美化。

除进行普通的墙面绿化之外，还可以进行一些特别的设计管理，使墙面绿化独具特色。例如，通过特殊的修剪及搭支架等辅助措施，让藤本植物按一定的方向及图案生长，成为美观的墙面艺术，如图 3-23 所示。

图 3-23　墙面绿化植物配置

3.2.7.3　围栏绿化植物配置

在城市环境中应用大量的栏杆，可以起到防护或装饰作用，这也是进行立体绿化的一个重要组成部分。因为使用目的的不同，对于各种园林栏杆的高度也就有不同的要求，围墙则需要从围护要求及其他技术上的要求确定其高度。围栏一般包括精巧的铁艺围栏或朴拙的混凝土及木质栏杆，它们都可用藤本月季、金银花、牵牛花等藤本植物来装饰。景观较好的庭院一般会采用通透性较高的铁艺围栏，使游人能欣赏到园内的美丽景观，因此就不能有太多的植物阻挡人们的视线。而对于较高围栏特别是混凝土围墙等来说，由于本身观赏性不高，所以应该应用较多的植物，可以起到有效的遮挡作用，如图 3-24 所示。

图 3-24　围栏绿化植物配置

3.2.7.4　阳台绿化植物配置

阳台绿化不仅可以装饰建筑的外立面，美化环境并增加绿量，更重要的是还能在居室中营造一处舒适的绿化环境。可以在窗台、阳台上设置简单的种植池及格架，种植一些牵牛花、绿萝之类姿态轻盈的藤本植物，或者在阳台上摆放盆栽的花卉植物；绿意浓浓，可以体现出自然气息，也装饰了家居，如图 3-25 所示。

图 3-25　阳台绿化植物配置

3.2.7.5　桥体、桥柱绿化植物配置

城市立体交通的发展产生了大量的立交桥，使桥体绿化成为立体绿化的另一个组成部分。在立交桥两侧设立种植槽或垂挂吊篮，栽植一些地锦、扶芳藤等绿色爬蔓植物，不仅可以美化桥体，而且能够增加绿视率，起到吸尘、降噪的作用，如图 3-26 所示。

图 3-26　立交桥绿化植物配置

4.1 园路工程

4.1.1 园路的分类及平面布局

园路是园林的脉络，是联系各个风景点的纽带。园路在园林中起着组织交通的作用，同时更重要的功能是引导游览、组织景观、划分空间、构成园景。

4.1.1.1 园路分类

从不同的方面考虑，园路有不同的分类方法，但最常见的是根据功能、结构类型、铺装材料以及路面的排水性进行分类。

(1) 根据功能划分 园路分主要园路、次要园路和游步道。主要园路连接各景区，次要园路连接诸景点，游步道则通幽。主次分明、层次分布好，方可将风景、景致连缀在一起，组成一个完整的艺术景区。

① 主要园路。主要园路（图 4-1）是景园内的主要道路，从园林景区入口通向全园各主景区、广场、公共建筑、观景点、后勤管理区，形成全园骨架和环路，组成导游的主干路线。主要园路一般宽 7~8m，并能适应园内管理车辆的通行要求，如考虑生产、救护、消防、游览车辆的通行，路面结构一般采用沥青混凝土、黑色

碎石加沥青砂封面或水泥混凝土铺筑或预制混凝土板块（500mm×500mm×100mm）拼装铺设，设有路侧石道牙，拼装图案要庄重且富有特色，全园尽可能统一协调，盛产石材的地方可采用青条石铺筑。

图 4-1　主要园路

②　次要园路。次要园路（图 4-2）是主要园路的辅助道路，呈支架状，沟通各景区内的景点和景观建筑。路宽依公园游人容量、流量、功能以及活动内容等因素而定，一般宽 3～4m，车辆可单向通过，为园内生产管理和园务运输服务。次要园路的自然曲度大于主要园路的曲度，用优美舒展富有弹性的曲线线条构成有层次的

图 4-2　次要园路

风景画面。为体现这一特征，路面可不设道牙，这样可使园路外侧边缘平滑，线型流畅。如果设置道牙，最好选用平石（条石）道牙，体现浓郁的自然气息，符合次要园路的特征。

③ 游步道。游步道（图 4-3）是园路系统的最末梢，是供游人休憩、散步和游览的通幽曲径，可通达园林绿地的各个角落，是到广场和园景的捷径。双人行走游步道宽 1.2～1.5m，单人行走游步道宽 0.6～1.0m，多选用简洁、粗犷、质朴的自然石材（片岩、条板石、卵石等）、条砖层铺或用水泥仿塑各类仿生预制板块（含嵌草皮的空格板块），并采用材料组合以表现其光彩与质感，精心构图，结合园林植物小品建设和起伏的地形，形成亲切自然、静谧幽深的自然游览步道。

图 4-3　游步道

(2) 根据构造形式划分　由于园路所处的绿地环境不同，造景目的和造景环境等都有所不同，在园林中园路可采用不同的结构类型。在结构上，一般园路可分为以下三种基本类型。

① 路堑型。凡是园路的路面低于周围绿地，道牙高于路面，起到阻挡绿地水土流失作用的园路都属路堑型园路，如图 4-4 所示。

② 路堤型。路堤型园路路面高于两侧地面，平道牙靠近边缘处，道牙外有路肩，常利用明沟排水，路肩外有明沟和绿地加以过渡，如图 4-5 所示。

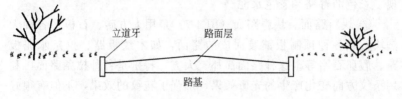

图 4-4 路堑型

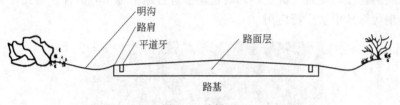

图 4-5 路堤型

③ **特殊型**。特殊型园路包括步石、汀步、磴道、攀梯等。

(3) 根据铺装材料划分 修筑园路所用的材料非常多,因此形成的园路类型也非常多,但大体上有以下几种类型。

① **整体路面**。整体路面(图 4-6)是在园林建设中应用最多的一类,是用水泥混凝土或沥青混凝土铺筑而成的路面。它具有强度高、耐压、耐磨、平整度好的特点,但不便维修,且一般观赏性较差。由于养护简单、便于清扫,因此多为大公园的主干道所采用。但它色彩多为灰和黑色,在园林中使用不够理想,近年来国外已出

图 4-6 整体路面

现了彩色沥青路和彩色水泥路。

②块料路面。块料路面（图4-7）是用大方砖、石板等各种天然块石或各种预制板铺装而成的路面，如木纹板路、拉条水泥板路、假卵石路等。这种路面简朴、大方，特别是各种拉条路面，利用条纹方向变化产生的光影效果，加强了花纹的效果，不但有很好的装饰性，而且可以防滑和减少反光强度，并能铺装成形态各异的图案花纹，美观、舒适，同时也便于进行地下施工时拆补，因此在现代绿地中被广泛应用。

图4-7　块料路面

③碎料路面。碎料路面（图4-8）是用各种碎石、瓦片、卵石及其他碎状材料组成的路面。这类路面铺装材料价廉，能铺成各种花纹，一般多用在游步道中。

④简易路面。简易路面是由煤屑、三合土等构成的路面，多用于临时性或过渡性园路。

4.1.1.2　平面布局

园路平面布局的三种形式如图4-9所示。

(1) 园路的设计原则

①因地制宜的原则。园路的布局设计，除了依据园林工程建设的规划形式外，还必须结合地形地貌设计。一般园路宜曲不宜

图 4-8　碎料路面

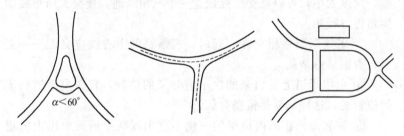

(a) 两路交叉处设立三角绿地　　(b) 三条园路交汇时，　　(c) 在两条主干道间设置捷径
　　　　　　　　　　　　　　　其中心线交于一点

图 4-9　园路平面布局

直，贵在合乎自然，追求自然野趣，依山随势，回环曲折；曲线要自然流畅，犹若流水，随地势就形。

②满足实用功能，体现以人为本的原则。在园林中，园路设计也必须遵循供人行走为先的原则。也就是说，设计修筑的园路必须满足导游和组织交通的作用，要考虑到人总喜欢走捷径的习惯，所以园路设计必须首先考虑为人服务、满足人的需求。否则就会导致修筑的园路少人走，而无园路的绿地却被踩出了园路。

③切忌设计无目的、死胡同的园路。园林工程建设中的道路应形成一个环状道路网络，四通八达，道路设计要做到有的放矢，因景设路，因游设路，不能漫无目的，更不能使游人正在游兴时

"此路不通"，这是园路设计最忌讳的。

④ 综合园林造景进行布局设计的原则。园路是园林工程建设造景的重要组成部分，园路的布局设计一定要坚持以路为景服务，要做到因路通景，同时也要使路和其他造景要素很好地结合，使整个园林更加和谐，并创造出一定的意境来。

(2) 设计要点

① 两条自然式园路相交于一点，所形成的对角不宜相等。道路需要转换方向时，离原交叉点要有一定长度作为方向转变的过渡。如果两条直线道路相交时，可以正交，也可以斜交。为了美观实用，要求交叉在一点上，对角相等，这样就显得自然和谐。

② 两路相交所呈的角度一般不宜小于 60°。若由于实际情况限制，角度太小，可以在交叉处设立一个三角绿地，使交叉所形成的尖角得以缓和。

③ 若三条园路相交在一起时，三条路的中心线应交汇于一点上，否则显得杂乱。

④ 由主干道上发出来的次干道分叉的位置，宜在主干道凸出的位置处，这样就显得流畅自如。

⑤ 在较短的距离内道路的一侧不宜出现两个或两个以上的道路交叉口，尽量避免多条道路交接在一起。如果避免不了，则需在交接处形成一个广场。

⑥ 凡道路交叉所形成的大小角都宜采用弧线，每个转角要圆润。

⑦ 自然式道路在通向建筑正面时，应逐渐与建筑物对齐并趋垂直，在顺向建筑时，应与建筑趋于平行。

4.1.2 园路工程施工图

园路的构造要求基础稳定、基层结实、路面铺装自然美观。园路的宽度一般分为三级，即主干道、次干道和游步道。主干道 6～7m，贯穿全园各景区，多呈环状分布；次干道 2.5～4m，是各景区内的主要游览交通路线；游步道是深入景区内游览和供游人漫步休息的道路，双人游步道 1.5～2m，单人游步道 0.6～0.8m。道路的坡度要考虑排水效果，一般不小于 3%。纵坡一般不大于 8%。如自然地势过大，则要考虑采用台阶或防滑坡。不同级别的道路承载要求不同，因此要根据不同等级确定断面层数和材料。

4.1.2.1 路线平面图

路线平面图的任务是表达路线的线型（直线或曲线）状况和方向，以及沿线两侧一定范围内的地形和地物等。地形和地物一般用等高线和图例来表示，图例画法应符合总图制图标准的规定。

路线平面图一般所用比例较小，通常采用（1∶2000）~（1∶500）的比例，所以在路线平面图中依道路中心画一条粗实线来表示路线。如比例较大，也可按路面宽画双线表示路线。新建道路用中粗线，原有道路用细实线。路线平面由直线段和曲线段（平曲线）组成，图 4-10 是道路平面图图例画法。

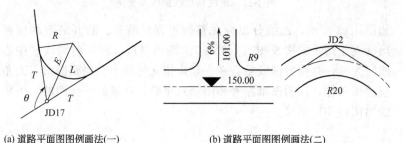

(a) 道路平面图图例画法(一)　　　　　(b) 道路平面图图例画法(二)

图 4-10　道路平面图图例画法

JD17—第 17 号交角点；θ—转折角（按前进方向右转或左转）；R—曲线半径；

T—切线长；L—曲线长；E—外距（交角点到曲线中心距离）；

R9—转弯半径 9m；150.00—路面中心标高，m；6%—纵向坡度；

101.00—变坡点间距，m；JD2—交角点编号；R20—转弯半径 20m

图 4-11 是用单线画出的路线平面图。为清楚地看出路线总长和各段长，一般由起点到终点沿前进方向左侧注写里程桩，符号
🏴。沿前进方向右侧注写百米桩。路线转弯处要注写转折符号，即交角点编号，例如 JD17 表示第 17 号交角点。沿线每隔一定距离设水准点，BM.3 表示 3 号水准点，73.837 是 3 号水准点高程。

如路线狭长需要画在几张图纸上时，应分段绘制。路线图拼接

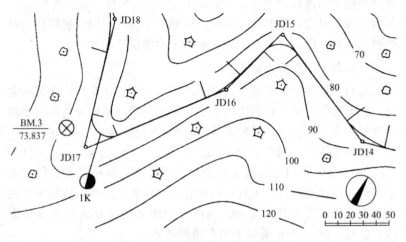

图 4-11　单线画出的路线平面图

如图 4-12 所示，路线分段应在整数里程桩断开。断开的两端应画出垂直于路线的接线图（点画线）。接图时应以两图的路线"中心线"为准，并将接图线重合在一起，指北针同向。每张图纸右上角应绘出角标，注明图纸序号和图纸总张数，在最后一张图的右下角绘出图标和比例尺。

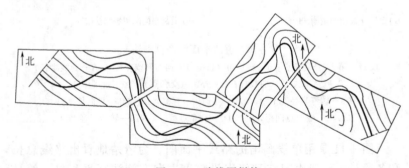

图 4-12　路线图拼接

4.1.2.2　园路断面图

(1)　横断面设计

① 路拱。园路路拱基本设计形式有抛物线形、折线形、直线

形和单坡形四种，如图 4-13 所示。

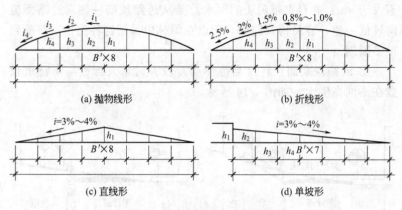

图 4-13　园路路拱的设计形式

抛物线形路拱是最常用的路拱形式。其特点是路面中部较平，愈向外侧坡度愈陡，横断路面呈抛物线形。这种路拱对游人行走、行车和路面排水都很有利，但不适于较宽的道路以及低级的路面。抛物线形路拱路面各处的横坡度一般宜控制在：$i_1 \geqslant 0.3\%$，$i_4 \leqslant 5\%$，且 i 平均为 2%左右。

折线形路拱系将路面做成由道路中心线向两侧逐渐增大横坡度的若干短折线组成的路拱。这种路拱的横坡度变化比较徐缓，路拱的直线较短，近似于抛物线形路拱，对排水、行人、行车也都有利，一般用于比较宽的园路。

直线形路拱适用于二车道或多车道并且路面横坡坡度较小的双车道或多车道水泥混凝土路面。最简单的直线形路拱是由两条倾斜的直线所组成的。为了行人和行车方便，通常可在横坡 1.5%的直线形路拱的中部插入两段 0.8%～1.0%的对称连接折线，使路面中部不至于呈现屋脊形。在直线形路拱的中部也可以插入一段抛物线或圆曲线，但曲线的半径不宜小于 50m，曲线长度不应小于路面总宽度的 10%。

单坡形路拱可以看做是以上三种路拱各取一半所得到的路拱形式，其路面单向倾斜，雨水只向道路一侧排。在山地园林中，常常采用单坡形路拱。但这种路拱不适宜较宽的道路，道路宽度一般都不大于9m；并且夹带泥土的雨水总是从道路较高一侧通过路面流向较低一侧，容易污染路面，所以在园林中采用这种路拱也要受到很多限制。

②园路横断面设计。当地形高差较大时，人行道与车行道设置在不同高度上，如图4-14所示。

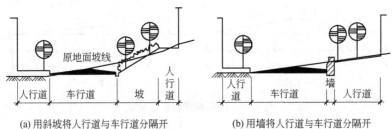

(a) 用斜坡将人行道与车行道分隔开　　　　　(b) 用墙将人行道与车行道分隔开

图4-14　园路横断面设计（一）

当地形高差较大时将两个不同方向的车行道设置在不同的高度上，如图4-15所示。

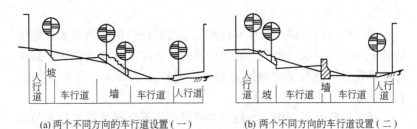

(a) 两个不同方向的车行道设置（一）　　　　(b) 两个不同方向的车行道设置（二）

图4-15　园路横断面设计（二）

岸坡地形高差较大时，车行道设置在上方，人行道设置在较低的不受水淹的河滩上。行人可以散步休息，如图4-16所示。

(2) 纵断面设计

①竖曲线类型。两条不同坡度的路段相交时，必然存在一个变坡点。为使车辆安全平稳通过变坡点，须用一条圆弧曲线把相邻两个不同坡度线连接，这条曲线因位于竖直面内，故称竖曲线。当

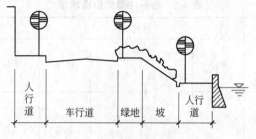

图 4-16　园路横断面设计（三）

圆心位于竖曲线下方时，称为凸形竖曲线；当圆心位于竖曲线上方时，称为凹形竖曲线。竖曲线类型如图 4-17 所示。

图 4-17　竖曲线类型

园路竖曲线半径允许范围比较大，其最小半径比一般城市道路要小得多。半径的确定与游人游览方式、散步速度和部分车辆的行驶要求相关，但一般不作过细的考虑。表 4-1 所列为园路竖曲线最小半径建议值，可供设计时参考。

表 4-1　园路竖曲线最小半径建议值　　　　　　单位：m

园路级别	风景区主干道	主干道	次干道	游步道
凸形竖曲线	500～1000	200～400	100～200	<100
凹形竖曲线	500～600	100～200	70～100	<70

② 园路纵断面图设计。园路纵坡是指沿园路长方向所形成的坡度，一般路面应有 8% 以下的纵坡，以利排水。但纵坡设计为多大也应灵活掌握，见表 4-2。一般设计时应注意以下几点。

a. 一般园路设计纵坡度为 10% 左右最为理想，这样的路面老幼皆宜。

b. 游步道的纵坡度设计可以更大一点，但如游步道为整体路面或块、碎料铺装路面的坡一般也不应超过 12%，如为行步式则可

表 4-2 各种路面的纵横坡度　　　单位：％

路石类型	纵坡				横坡	
	最小	最大		特殊	最小	最大
		游览大道	园路			
水泥混凝土路面	3	60	70	100	1.5	2.5
沥青混凝土路面	3	50	60	100	1.5	2.5
块石、碎砖路面	4	60	80	110	2	3
拳石、卵石路面	5	70	80	70	3	4
粒料路面	5	60	80	80	2.5	3.5
改善土路面	5	60	60	80	2.5	4
游步小道	3	—	80	—	1.5	3
自行车道	3	30	—	—	1.5	2
广场、停车场	3	60	70	100	1.5	2.5
特别停车场	3	60	70	100	0.5	1

大一点。

c. 如果由于地形、地势限制，一般超过 15°时，必须设台阶，或台阶和平台相结合。

d. 园路纵坡设计同样要考虑到造景的需要、行车安全及路基稳定的需要。

某园路纵断面图如图 4-18 所示。由图可以看出，在 K0＋760 处有一半径为 1000m 的凸竖曲线，在 K1＋000 处有一半径为 1500m 的凹竖曲线；K0＋760～K0＋900 的纵坡为 2％，坡长为 140m；K0＋900～K1＋000 的纵坡为 1％，坡长为 100m；K1＋000～K1＋080 的纵坡为 2.92％，坡长为 160m；还有 5 个平曲线，分别在 K0＋760、K0＋840、K0＋900、K1＋000 和 K1＋040 处，半径分别为 20m、15m、100m、15m、200m。

4.1.3 园路的结构设计

4.1.3.1 路面结构层

园路路面结构一般由面层、结合层、基层组成，如图 4-19 所示。

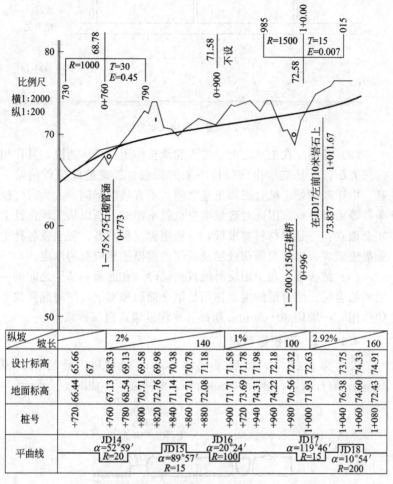

纵坡　坡长		2%							140	1%			100	2.92%		160
设计标高	65.66 67	68.33	69.13	69.58	69.98	70.38	70.78	71.18	71.58	71.78	71.98	72.18	72.32 72.63	73.75	74.33	74.91
地面标高	66.44	67.13	68.54	70.71	72.76	71.14	70.71	72.08	71.71	73.69	74.31	74.22	70.56 71.93	76.38	74.60	72.43
桩号	+720	+760	+780	+800	+820	+840	+860	+880	+900	+920	+940	+960	+980 +1000	+1040	+1060	+1080
平曲线	JD14 α=52°59′ R=20			JD15 α=89°57′ R=15		JD16 α=20°24′ R=100			JD17 α=119°46′ R=15				JD18 α=10°54′ R=200			

图 4-18　园路纵断面图（单位：m）

（1）面层　面层是园路路面最上面的一层，其作用是直接承受人流、车辆的压力，以及气候、人为等各种破坏，同时具有装饰、造景等作用。从工程设计上，面层设计要保证坚固、平稳、耐磨耗，具有一定的粗糙度，同时在外观上尽量美观大方，和园林绿地景观融为一体。

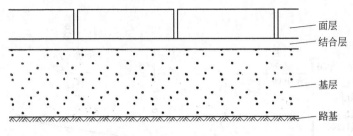

图 4-19 路面结构层示意图

（2）基层 在土基之上，主要起承重作用，具体地说，其作用为两方面：一是支承由面层传下来的荷载；二是把此荷载传给土基。由于基层处于结合层和土基之间，不直接受车辆、人为及气候条件等因素影响，因此对造景本身也就不影响。所以从工程设计上注意两点：一是对材料要求低，一般用碎（砾）石、灰土或各种工业废渣筑成；二要根据荷载层及面层的需要达到应有的厚度。

（3）结合层 在采用块料铺筑面层时，在面层和基层之间的一层叫结合层。结合层的主要作用是结合面层和基层，同时起到找平的作用，一般用 30～50mm 粗砂、水泥砂浆或白灰砂浆。

4.1.3.2 石板嵌草路

先将素土夯实，然后平铺厚 50mm 的黄砂，最后铺设厚 100mm 的石板，石缝为 30～50mm，中间嵌草。如图 4-20 所示。

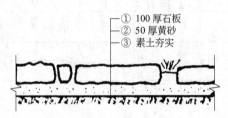

① 100 厚石板
② 50 厚黄砂
③ 素土夯实

图 4-20 石板嵌草路（单位：mm）
注：石缝 30～50mm 嵌草

4.1.3.3 卵石嵌花路

先将素土夯实然后铺一步灰土，再平铺厚 50mm 的 M2.5 混合砂浆，最后将 70mm 的预制混凝土嵌卵石平铺于混合砂浆上。如图 4-21 所示。

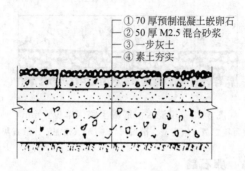

图 4-21　卵石嵌花路（单位：mm）

4.1.3.4　预制混凝土方砖路

先将素土夯实，然后铺厚 150～250mm 的灰土，再平铺厚 50mm 的粗砂，最后平铺 500mm×500mm×100mm 的 C15 混凝土方砖。如图 4-22 所示。

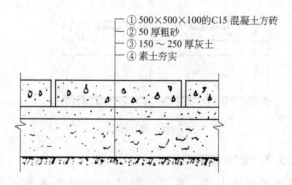

图 4-22　预制混凝土方砖路（单位：mm）

注：胀缝加 10mm×95mm 橡胶条

4.1.3.5　现浇水泥混凝土路

先将素土夯实，再平铺厚 80～120mm 的碎石，最后浇筑厚 80～150mm 的 C15 混凝土。如图 4-23 所示。

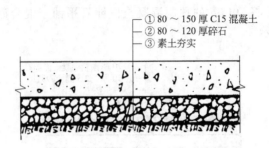

① 80～150 厚 C15 混凝土
② 80～120 厚碎石
③ 素土夯实

图 4-23　现浇水泥混凝土路（单位：mm）

注：基层可用二渣（水泥渣、散石灰），三渣（水泥渣、散石灰、道砟）。

4.1.3.6　卵石路

先将素土夯实，再铺一层厚 150～250mm 的碎砖三合土，然后浇筑一层厚 30～50mm 的 M2.5 混合砂浆，最后铺上一层厚 70mm 的混凝土栽小卵石块。如图 4-24 所示。

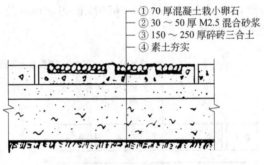

① 70 厚混凝土栽小卵石
② 30～50 厚 M2.5 混合砂浆
③ 150～250 厚碎砖三合土
④ 素土夯实

图 4-24　卵石路（单位：mm）

4.1.3.7　沥青碎石路

先将底层素土夯实，再铺一层厚 150mm 的碎砖或白灰、煤渣，然后平铺一层厚 50mm 的泥结碎石，最后用厚 10mm 的柏油作表面处理。如图 4-25 所示。

4.1.3.8　步石

先将底层素土夯实，然后用毛石或厚 100mm 的混凝土板作基石，最后将大块毛石埋置于基石上。如图 4-26 所示。

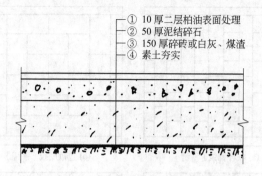

① 10 厚二层柏油表面处理
② 50 厚泥结碎石
③ 150 厚碎砖或白灰、煤渣
④ 素土夯实

图 4-25　沥青碎石路（单位：mm）

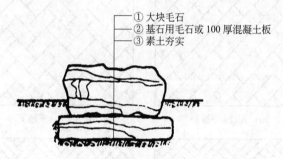

① 大块毛石
② 基石用毛石或 100 厚混凝土板
③ 素土夯实

图 4-26　步石（单位：mm）

4.1.4　路面装饰设计

4.1.4.1　砖铺路面

　　砖铺路面的几种形式如图 4-27 所示。园林铺地多用青砖，风格朴素淡雅，施工简便，可以拼凑成各种图案。砖铺地适合庭院和古建筑物附近。因其耐磨性差，容易吸水，适用于冰冻不严重和排水良好之处；因易生青苔而行走不便，不宜用于坡度较大和阴湿地段。目前已有采用彩色水泥仿砖铺地，效果较好。日本、欧美等国家和地区尤喜用红砖或仿缸砖铺地，色彩明快艳丽。大青方砖规格为 500mm×500mm×100mm，平整、庄重、大方，多用于古典庭院。

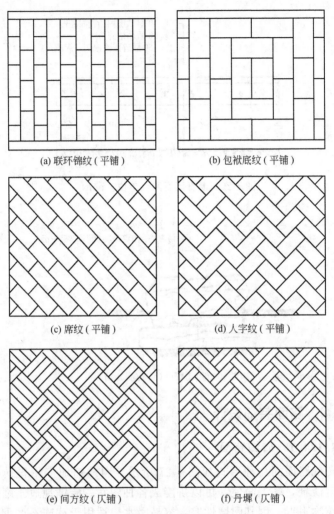

(a) 联环锦纹（平铺）　　　　　(b) 包袱底纹（平铺）

(c) 席纹（平铺）　　　　　　　(d) 人字纹（平铺）

(e) 间方纹（仄铺）　　　　　　(f) 丹墀（仄铺）

图 4-27　砖铺路面的形式

4.1.4.2　冰纹路面

　　冰纹路面的两种形式如图 4-28 所示。冰纹路面是用边缘挺括的石板模仿冰裂纹样铺砌的地面，石板间接缝呈不规则折线，用水泥砂浆勾缝。冰纹路面多为平缝和凹缝，以凹缝为佳。也可不勾

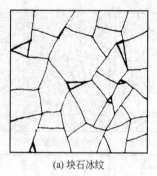 

(a) 块石冰纹 (b) 水泥仿冰纹

图 4-28 冰纹路面的形式

缝，便于草皮长出成冰裂纹嵌草路面。还可做成水泥仿冰纹路，即在现浇混凝土路面初凝时，模印冰裂纹图案，表面拉毛，效果也较好。冰纹路适用于池畔、山谷、草地、林中的游步道。

4.1.4.3 乱石路面

乱石路面如图 4-29 所示。乱石路面是用天然块石大小相间铺筑的路面，采用水泥砂浆勾缝。石缝曲折自然，表面粗糙，具有粗犷、朴素、自然质感。冰纹路、乱石路也可用彩色水泥勾缝，增加色彩变化。

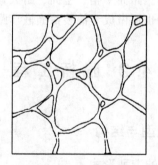

图 4-29 乱石路面

4.1.4.4 预制混凝土方砖路面

预制混凝土方砖路面的几种形式如图 4-30 所示。用预先模制成的混凝土方砖铺砌的路面，形状多变，图案丰富（如各种几何图

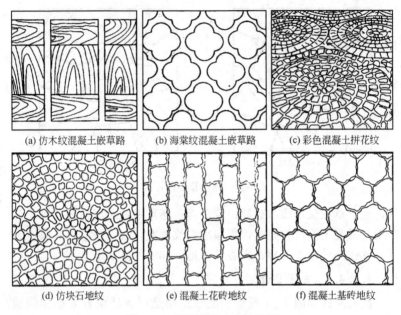

(a) 仿木纹混凝土嵌草路　　(b) 海棠纹混凝土嵌草路　　(c) 彩色混凝土拼花纹

(d) 仿块石地纹　　(e) 混凝土花砖地纹　　(f) 混凝土基砖地纹

图 4-30　预制混凝土方砖路面

形、花卉、木纹、仿生图案等）。也可添加无机矿物颜料制成彩色混凝土砖，色彩艳丽。路面平整、坚固、耐久，适用于园林中的广场和规则式路段上，也可做成半铺装留缝嵌草路面。

4.2　园桥工程

4.2.1　园桥的造型与结构

4.2.1.1　园桥的造型形式

常见的园桥造型形式，归纳起来主要可分为以下几类。

(1) 平桥　有木桥、石桥、钢筋混凝土桥等，如图 4-31 所示，桥面平整，结构简单，平面形状为一字形。桥边常不做栏杆或只做矮护栏。桥体的主要结构部分是石梁、钢筋混凝土直梁或木梁，也

图 4-31　平桥

常见直接用平整石板、钢筋混凝土板作桥面而不用直梁的。

（2）平曲桥　基本情况和一般平桥相似，如图 4-32 所示。桥的平面形状不为一字形，而是左右转折的折线形。根据转折数，可有三曲桥、五曲桥、七曲桥、九曲桥等。桥面转折多为 90°直角，但也可采用 120°钝角，偶尔还可用 150°转角，平曲桥桥面设计为低而平的效果最好。三曲桥如图 4-33 所示。

图 4-32　平曲桥

（3）拱桥　常见有石拱桥和砖拱桥，个别也有钢筋混凝土拱桥，如图 4-34 所示。拱桥是园林中造景用桥的主要形式。其材料易得，价格便宜，施工方便；桥体的立面形象比较突出，造型可有

图 4-33　三曲桥

很大变化；并且圆形桥孔在水面的投影也十分好看。因此，拱桥在园林中应用极为广泛。

图 4-34　拱桥

（4）亭桥、廊桥　在桥面较高的平桥或拱桥上修建亭子，就做成亭桥，如图 4-35 所示。亭桥是园林水景中常用的一种景物，它既是供游人观赏的景物点，又是可停留其中向外观景的观赏点。廊桥与亭桥相似，如图 4-36 所示，也是在平桥或平曲桥上修建风景建筑，只不过其建筑是采用长廊的形式罢了。廊桥的造景作用和观景作用与亭桥一样。

图 4-35 亭桥

图 4-36 廊桥

（5）吊桥、浮桥 吊桥是以钢索、铁链为主要结构材料（在过去则有用竹索或麻绳的），将桥面悬吊在水面上的一种园桥形式。这类吊桥吊起桥面的方式又有两种：一是全用钢索铁链吊起桥面，并作为桥边扶手，如图 4-37（a）所示；二是在上部用大直径钢管做成拱形支架，从拱形钢管上等距地垂下钢制缆索，吊起桥面，如图 4-37（b）所示。吊桥主要用在风景区的河面上或山沟上面。将桥面架在整齐排列的浮筒（或舟船）上，可构成浮桥，如图 4-38 所示。浮桥适用于水位常有涨落而又不便人为控制的水体中。

(a) 钢索铁链桥   (b) 拱形钢管桥

图 4-37 吊桥

图 4-38 浮桥

（6）栈桥与栈道　架长桥为道路，是栈桥和栈道的根本特点。严格地讲，这两种园桥并没有本质上的区别，只不过栈桥更多的是独立设置在水面上或地面上，如图 4-39 所示；而栈道则更多地依傍在山壁或岸壁，如图 4-40 所示。

（7）汀步　这是一种没有桥面、只有桥墩的特殊的桥，或者也可说是一种特殊的路，是采用线状排列的步石、混凝土墩、砖墩或预制的汀步构件布置在浅水区、沼泽区、沙滩上或草坪上形成的能够行走的通道，如图 4-41 所示。

4.2.1.2　桥体的结构形式

园桥的结构形式随其主要建筑材料而有所不同。例如，钢筋混凝土园桥和木桥的结构常用板梁柱式，石桥常用拱券式或悬臂梁式，铁桥常采用桁架式，吊桥常用悬索式等，都说明建筑材料与桥

图 4-39　栈桥

图 4-40　栈道

的结构形式是紧密相关的。

(1) 板梁柱式　以桥柱或桥墩支撑桥体重量，以直梁按简支梁方式两端搭在桥柱上，梁上铺设桥板作桥面，如图 4-42 所示。在桥孔跨度不太大的情况下，也可不用桥梁，直接将桥板两端搭在桥墩上，铺成桥面。桥梁、桥面板一般用钢筋混凝土预制或现浇；如果跨度较小，也可用石梁和石板。

(2) 悬臂梁式　即桥梁从桥孔两端向中间悬挑伸出，在悬挑的梁头再盖上短梁或桥板，连成完整的桥孔，如图 4-43 所示。这种方式可以增大桥孔的跨度，以便于桥下行船。石桥和钢筋混凝土桥都可以采用悬臂梁式结构。

图 4-41 汀步

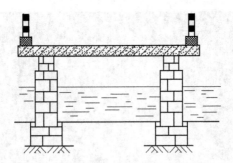

图 4-42 板梁柱式

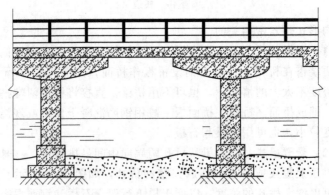

图 4-43 悬臂梁式

(3) 拱券式 桥孔由砖石材料拱券而成，桥体重量通过圆拱传递到桥墩，如图 4-44 所示。单孔桥的桥面一般也是拱形，因此它基本上都属于拱桥。三孔以上的拱券式桥，其桥面多数做成平整的路面形式，但也常有把桥顶做成半径很大的微拱形桥面的。

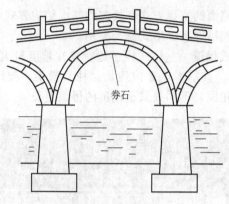

券石

图 4-44 拱券式

(4) 悬索式 悬索式即一般索桥的结构方式。以粗长的悬索固定在桥的两头，底面有若干根钢索排成一个平面，其上铺设桥板作为桥面；两侧各有一根至数根钢索从上到下竖向排列，并由许多下垂的钢绳相互串联一起，下垂钢绳的下端则吊起桥板，如图 4-45所示。

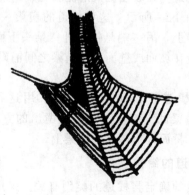

图 4-45 悬索式

(5) 桁架式 用铁制桁架作为桥体。桥体杆件多为受拉或受压的轴力构件，这种杆件取代了弯矩产生的条件，使构件的受力特性得以充分发挥。杆件的结点多为铰结。

4.2.1.3 栈道的类别

根据栈道路面的支撑方式和栈道的基本结构方式，一般把栈道分为立柱式、斜撑式和插梁式三个类别。

(1) 立柱式栈道 立柱式栈道适宜建在坡度较大的斜坡地带，如图 4-46 所示。其基本承重构件是立柱和横梁，架设方式基本与板梁柱式园桥相同，不同处只是栈道的桥面更长。

图 4-46 立柱式栈道

(2) 斜撑式栈道 在坡度更大的陡坡地带，采用斜撑式修建栈道比较合适，如图 4-47 所示。这种栈道的横梁一端固定在陡坡坡面上或山壁的壁面上，另一端悬挑在外；梁头下面用一斜柱支撑，斜柱的柱脚也固定在坡面或壁面上。横梁之间铺设桥板作为栈道的路面。

(3) 插梁式栈道 在绝壁地带常采用这种栈道形式，如图 4-48所示。其横梁的一端插入山壁上凿出的方形孔中并固定下来，另一端悬空，桥面板仍铺设在横梁上。

4.2.1.4 栈道的结构

栈道路面宽度的确定与栈道的类别有关。采用立柱式栈道的，路面设计宽度可为 1.5～2.5m；斜撑式栈道宽度可为 1.2～2.0m；

图 4-47　斜撑式栈道

图 4-48　插梁式栈道

插梁式栈道不能太宽，0.9～1.8m 就比较合适。

（1）立柱与斜撑柱　立柱用石柱或钢筋混凝土柱，断面尺寸可取 180mm×180mm 至 250mm×250mm，柱高一般不超过柱径的 15 倍。斜撑柱的断面尺寸比立柱稍小，可在 150mm×150mm 至 200mm×200mm 之间。斜撑柱上端应预留筋头与横梁梁头相焊接，下端应插入陡坡坡面或山壁壁面。立柱和斜撑柱都用 C20 混凝土浇制。

(2) 横梁 横梁的长度应是栈道路面宽度的 1.2～1.3 倍，梁的一端应插入山壁或坡面的石孔并稳实地固定下来。插梁式栈道的横梁插入山壁部分的长度，应为梁长的 1/4 左右。横梁的截面为矩形，宽高的尺寸可为 120mm×180mm 至 180mm×250mm。横梁也用 C20 混凝土浇制，梁一端的下面应有预埋铁件与立柱或斜撑柱焊接。

(3) 桥面板 桥面板可用石板或钢筋混凝土板铺设。铺石板时，要求横梁间距比较小，一般不大于 1.8m。石板厚度应在80mm 以上。钢筋混凝土板可用预制空心板或实心板。空心板可按产品规格直接选用。实心钢筋混凝土板常设计为 6cm、8cm、10cm厚，混凝土强度等级可用 C15～C20。栈道路面可以用 1∶2.5 水泥砂浆抹面处理。

(4) 护栏 立柱式栈道和部分斜撑式栈道可以在路面外缘设立护栏。护栏最好用直径 254mm 以上的镀锌铁管焊接制作；也可做成石护栏或钢筋混凝土护栏。作石护栏或钢筋混凝土护栏时，望柱、栏板的高度可分别为 900mm 和 700mm，望柱截面尺寸可为120mm×120mm 或 150mm×150mm，栏板厚度可为 50mm。

园林栈道的做法如图 4-49 所示。

4.2.1.5 汀步的类别

汀步是用一些板块状材料按一定的间距铺装成的连续路面，板块材料可称为步石。这种路面具有简易、造价低、铺装灵活、适应性强、富于情趣的特点，既可作永久性园路，也可作临时性便道。

按照步石平面形状特点和步石排列布置方式，可把汀步分为规则式和自然式两类。

(1) 规则式汀步 步石形状规则整齐，并常常按规则整齐的形式铺装成园路，这种汀步就是规则式汀步。规则式汀步步石的宽度应在 400～500mm，步石与步石之间的净距宜在 50～150mm。在同一条汀步路上，步石的宽度规格及排列间距都应当统一。常见的规则式汀步有以下三种。

① 墩式汀步。步石呈正方形或长方形的矮柱状，排列成直线形或按一定半径排列成规则的弧线形，如图 4-50 所示。这种汀步

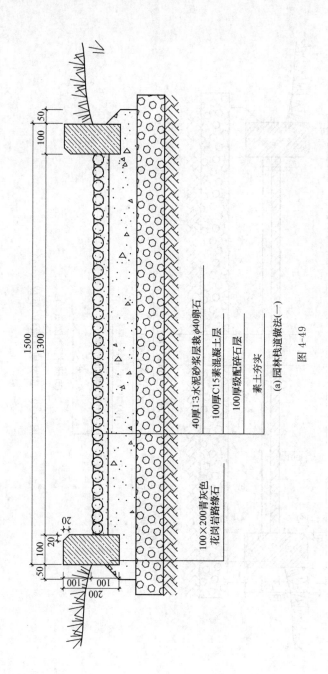

50

100

1500

1300

20
20

100

50

100 100
100
200

40厚1:3水泥砂浆层栽φ40卵石

100厚C15素混凝土层

100厚级配碎石层

素土夯实

(a) 园林栈道做法(一)

100×200青灰色
花岗岩路缘石

图4-49

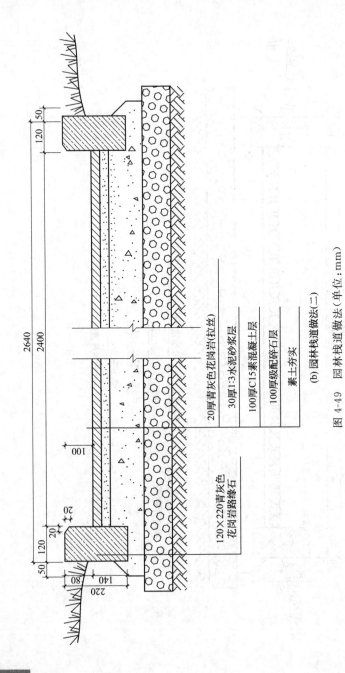

20厚青灰色花岗岩(拉丝)

30厚1:3水泥砂浆层

100厚C15素混凝土层

100厚级配碎石层

素土夯实

120×220青灰色
花岗岩路缘石

(b) 园林栈道做法(二)

图 4-49　园林栈道做法（单位：mm）

图 4-50　墩式汀步

显得厚重、稳实，宜布置在浅水中作为过道。

　　② 板式汀步。以预制的铺砌板规则整齐地铺设成间断连续式园路，就属于板式汀步，如图 4-51 所示。板式汀步主要用于旱地，如布置在草坪上、泥地上、沙地上等。

图 4-51　板式汀步

　　③ 荷叶汀步。这种汀步一般用在庭园水池中，其步石面板形状为规则的圆形，属规则式汀步，但步石的排列却不是规则整齐的，要排列为自然式，如图 4-52 所示。

　　(2) 自然式汀步　这类汀步的步石形状不规则，常为某种自然物的形状。步石的形状、大小可以不一致，其布置与排列方式也不

图 4-52　荷叶汀步

能规则整齐，要自然错落地布置。步石之间的净距也可以不统一，可在 50～200mm 变动。常见的自然式汀步主要有以下两种。

① 自然山石汀步。选顶面较平整的片状自然山石，宽度要在 300～600mm，按照左右错落、自然曲折的方式布置成汀步园路，如图 4-53 所示。在草坪上，步石的下部 1/3～1/2 应埋入土中。在浅水区中，步石下部稍浸入水中，底部一定要用石片刹垫稳实，并

图 4-53　自然山石汀步

用水泥砂浆与基座山石结合牢固。

② 仿自然树桩汀步。步石被塑造成顶面平整的树桩形状，如图 4-54 所示。树桩按自然式排列，有大有小，有宽有窄，有聚有散，错落有致。这种汀步路布置在草坡上尤其能与环境协调；布置在水池中也可以，但与环境的协调性不及在草坡和草坪上。

图 4-54 仿自然树桩汀步

4.2.1.6 汀步的设置

(1) 荷叶汀步 步石由圆形面板、支撑墩（柱）和基础三部分构成。圆形面板应设计 2～4 种尺寸规格，如直径为 450mm、600mm、750mm、900mm 等。采用 C20 细石混凝土预制面板，面板顶面可仿荷叶进行抹面装饰。抹面材料用白色水泥加绿色颜料调成浅果绿色，再加绿色细石子，按水磨石工艺抹面。抹面前要先用铜条嵌成荷叶叶脉状，抹面完成后一并磨平。为了防滑，顶面一定不能磨得很光。荷叶汀步的支柱可用混凝土柱，也可用石柱，其设计按一般矮柱处理。基础应牢固，至少要埋深 300mm；其底面直径不得小于汀步面板直径的 2/3。

(2) 板式汀步 板式汀步的铺砌板平面形状可为长方形、正方形、圆形、梯形、三角形等。梯形和三角形铺砌板主要是用来相互组合、组成板面形状有变化的规则式汀步路面。铺砌板宽度和长度可根据设计确定，其厚度常设计为 80～120mm。板面可以用彩色水磨石来装饰，不同颜色的彩色水磨石铺路板能够铺装成美观的彩色路面。

(3) 仿树桩汀步 用水泥砂浆砌砖石做成树桩的基本形状，表面再用 1∶2.5 或 1∶3 有色水泥砂浆抹面并塑造树根与树皮形象。树桩顶面仿锯截状做成平整面，用仿本色的水泥砂浆抹面。待抹面层稍硬时，用刻刀刻划出一圈圈年轮环纹，清扫干净后再调制深褐色水泥浆抹进刻纹中。抹面层完全硬化之后，打磨平整，使年轮纹显现出来。

4.2.2 拱桥的造型

4.2.2.1 拱桥的基本构造

拱桥由上部结构和下部支撑结构两大部分组成。上部结构包括梁（或拱）、栏杆等，是景桥的主体部分，要求既坚固，又美观。下部结构包括桥台、桥墩等支撑部分，是拱桥的基础部分，要求坚固耐用，耐水流的冲刷。桥台、桥墩要有深入地基的基础，上面应采用耐水流冲刷材料，还应尽可能减少对水流的阻力，如图 4-55 所示。

4.2.2.2 拱桥的施工

(1) 石板平板桥 常用石板宽度在 0.7～1.5m，以 1m 左右较多，长度 1～3m 不等，石料不加修琢，仿真自然，也不设栏杆，或只在单侧设栏杆。如果游客流量较大，则并列加拼一块石板使宽度在 1.5～2.5m，甚至更大可至 3～4m。为安全起见，一般都加设石栏杆，栏杆不宜过高，在 450～650mm 之间。石板厚度宜200～220mm，常用石料石质见表 4-3。

(2) 石拱桥 园林桥多用石料，统称石桥，以石砌筑拱券成桥，因此称石拱桥。

石拱桥在结构上分成无铰拱与多铰拱，如图 4-56 和图 4-57 所示。拱桥的主要受力构件是拱券，拱券由细料石榫卯拼接构成。拱券石能否在外荷载作用下共同工作，不但取决于榫卯方式还有赖于拱券石的砌置方式。

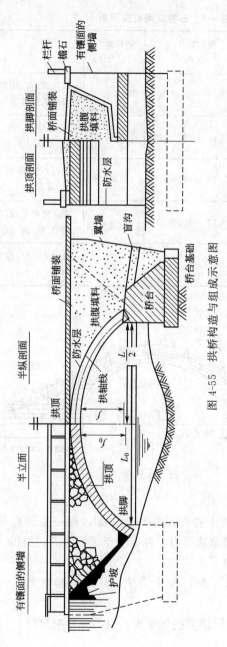

图 4-55 拱桥构造与组成示意图

表 4-3　石桥常用石料石质

岩石种类	重度/(kN/m³)	极限抗压/MPa	平均弹性模量/MPa	色泽
花岗石	23~28	$98×10^3~20×10^3$	$52×10^5$	蓝色、微黄、浅黄,有红色或紫黑色斑点
砂岩	17~27	$15×10^3~120×10^3$	$227×10^5$	淡黄、黄褐、红、红褐、灰蓝
石灰岩	23~27	$19×10^3~137×10^3$	$502×10^5$	灰白不透明、结晶透明灰黑、青石
大理岩	23~27	$69×10^3~108×10^3$	—	白底黑色条纹、汉白玉色(青白色、纯白色)
片麻岩	23~26	$8×10^3~98×10^3$	—	浅黄、青灰,均带黑色芝麻色

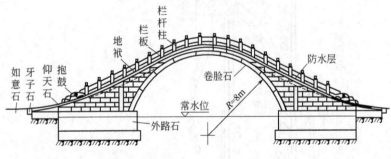

图 4-56　无铰拱

① 无铰拱的砌筑方式。

a. 并列砌筑。将若干独立拱券栉比并列,逐一砌筑合龙的砌筑法。一圈合龙,即能单独受力,并有助于毗邻拱券的施工。

并列砌筑的优点如下。

ⅰ. 简练安全,省工料,便于维护,只要搭起宽 0.5~0.6m 的脚手架便能施工。

ⅱ. 即使一道或几道拱券损坏倒塌,也不会影响全桥。

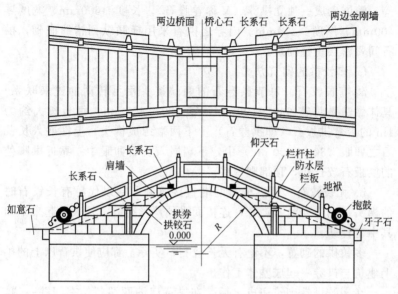

图 4-57 多铰拱

ⅲ. 对桥基的多种沉陷有较大的适应性。

缺点是各拱券之间的横向联系较差。

b. 横联砌筑。使拱券在横向交错排列的砌筑，券石横向联系紧密，从而使全桥拱石整体工作性大大加强。由于景桥建筑立面处理和用料上的需要，横联拱券又发展增加出镶边和框式两种。

框式横联拱券吸取了镶边横联拱券的优点，又防止了前者边券单独受力与中间诸拱无联系的缺点，使得拱桥外券材料与加工可高级些，而内券可降低些，也不影响拱桥相连成整体。

两者共同的缺点是：施工时需要满堂脚架。

c. 毛石（卵石）砌筑。完全用不规则的毛石（花岗石、黄石）或卵砾石干砌的拱桥，跨径多在 6～7m。截面多为变截面的圆弧拱。施工多用满堂脚手架或堆土成胎模，桥建成，挖去桥孔径内的胎模土即成。

目前园林工程中无铰拱通常采用拱券石镶边横联砌筑法。即在拱券的两侧最外券各用高级石料（如大理石、汉白玉精琢的花岗石等）镶嵌砌成一独立拱券（又称卷脸石），长度≥600mm，宽度≥400mm，厚度≥300mm。内券之拱石采用横联纵列错缝嵌砌，拱石间紧密层重叠砌筑。

② 多铰拱的砌筑方式。

a. 有长铰石。每节拱券石的两端接头用可转动的铰来联系。具体做法是将宽 600～700mm、厚 300～400mm、每节长大约为 1m 的内弯拱板石（即拱券石）上下两端琢成榫头，上端嵌入长铰石之卯眼（300～400mm）中，下端嵌入台石卯眼中。靠近拱脚处的拱板石较长些，顶部则短些。

b. 无长铰石。即拱板石两端直接琢制卯接以代替有长铰石时的榫头。榫头要紧密吻合，连接面必须严丝合缝，外表看起来不知其中有榫卯。

多铰拱的砌置，不论有无长铰石，实际上都应使拱背以上的拱上建筑与拱券一起成整体工作。

在多铰拱券砌筑完成之后，在拱背肩墙两端各筑有间壁一道，即在桥台上垒砌一条长石作为间壁基石，再在基石之上竖立一排长石板，下端插入基石，上端嵌入长条石底面的卯槽中。间壁和拱顶之间另用长条石一对（300～400mm 的长方形或正方形），叠置平放于联系肩墙之上。长条石两端各露出 250～400mm 于肩墙之外，端部琢花纹，回填三合土（碎石、泥沙、石灰土）。最后，在其上铺砌桥面石板、栏杆柱、栏板石、抱鼓石等。

4.3 广场工程

4.3.1 园林广场的分类

4.3.1.1 按园林广场的性质和使用功能分类

(1) 交通集散广场 此处人流量较大，主要功能是组织和分散人流，如公园的入口广场（见表 4-4），首先在功能方面应处理好停车、售票、值班、入园、出园、候车等的相互关系，以便于集散安全迅速；其次，在园林景观构图上，应使其造型具有园林风貌，富有艺术感染力，以吸引游人。

表 4-4　常见公园入口布置平面图举例

位置	示意图
入口场地在门外	
入口场地在道路转弯处	
场地在大门内	

位置	示意图
大门内外都有场地	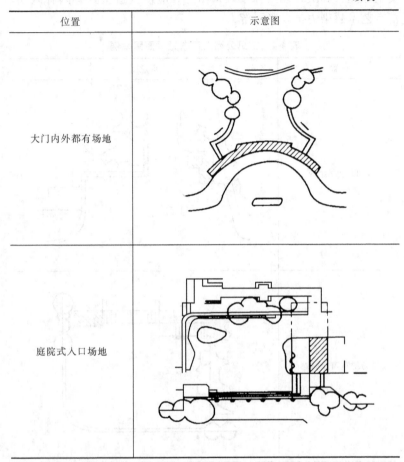
庭院式入口场地	

(2) 游憩活动广场 这类广场在园林中经常运用，它可以是草坪、疏林及各式铺装地，外形轮廓为几何形或塑曲线，也可以与花坛、水池、喷泉、雕塑、亭廊等园林小品组合而成（见表 4-5），主要供游人游览、休息、儿童游戏、集体活动等使用。国外一些园林中的儿童游戏场地也有用塑胶铺装材料的。因此，根据不同的活动内容和要求，使游憩活动广场做到美观、适用、各具特色。如果供集体活动，其广场宜布置在开阔、阳光充足、风景优美的草坪

上；如果供游人游憩之用，则宜布置在有景观可借的地方，并可结合一些园林小品供游人休息、观赏。

表 4-5　常见游憩活动广场平面图举例

名称	示意图
用亭廊、花架、水池等组织成为休息活动场地	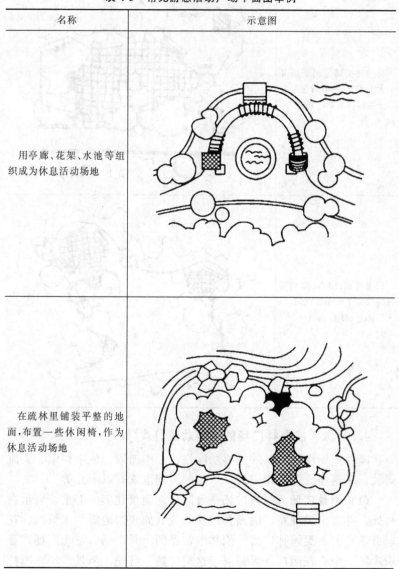
在疏林里铺装平整的地面,布置一些休闲椅,作为休息活动场地	

名称	示意图
利用地面高差组织成几个大小不同、各有特色又互不干扰的休息活动场地	
利用树丛、山石、园墙等分隔成若干较小的空间,供人们休息、看书、谈心	

4.3.1.2　按园林广场的主要功能分类

园林广场需要具备的主要功能是:汇集园景、休闲娱乐、人流集散、车辆停放等。相应地,广场的类别也就有以下几类。

(1) 园景广场　园景广场是将园林立面景观集中汇聚、展示在一处,并突出表现宽广的园林地面景观(如装饰地面、水景池、花坛群等)的一类园林广场。园林中常见的门景广场、纪念广场、音乐广场、中心花园广场等都属于这类广场。首先,园景广场在园林内部留出一片开敞空间，增强了空间的艺术表现力；其次，它可以作为季节性的大型花卉园艺展览或盆景艺术展览等的展出场地；最后，它还可以作为节假日大规模人群集会活动的场所，而发挥更大的社会效益和环境效益。

（2）休闲娱乐场地 这类场地具有明确的休闲娱乐性质，在现代公共园林中是很常见的一类场地。例如，设在园林中的旱冰场、滑雪场、射击场、跑马场、高尔夫球场、赛车场、游憩草坪、露天舞场、露天茶园、垂钓区以及附属在游泳池边的休闲铺装场地等都是休闲场地。

（3）集散场地 集散场地设在主体性建筑前后、主路路口、园林出入口等人流频繁的重要地点，以人流集散为主要功能。这类场地一般面积都不很大，除园林主要出入口的场地以外，在设计中附属性地设置即可。

（4）停车场和回车场 停车场和回车场主要指设在公共园林内外的汽车停放场、自行车停放场和扩宽一些路口形成的回车场地。停车场多布置在园林出入口内外，回车场则一般在园林内部适当地点灵活设置。

（5）其他场地 其他场地是指附属在公共园林内外的场地，还有如旅游小商品市场、花木盆栽场、园林机具停放场、餐厅杂物院等，其功能不一，形式各异，在规划设计中应分别对待。

公共园林中的道路广场与一般城市道路广场最不一样的地方就是前者以游览性和观赏性为主，而后者以交通性为主。

4.3.2 广场铺地基本图样

4.3.2.1 古典铺地参考模式图样

（1）几何纹样 几何图案是最简洁、最概括的纹样形式。在古代，几何图形较早地被工匠们运用在铺地制作中，如图4-58所示的方砖与鹅卵石路。之后的铺地纹样虽更为丰富，但很多纹样都是在几何纹样的基础上变化发展起来的，或是将几何形作为纹样的骨骼，加入各式的自然纹样，创造出丰富的铺地图案。同时，几何铺地纹样自身也在不断变化发展，由刚开始简单的方形、圆形、三角形发展到如六角形、菱形、米字形、万字形、回纹形等各式各样的几何形铺地纹样。

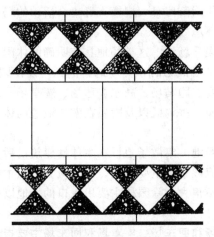

图 4-58　方砖与鹅卵石路

（2）植物纹样　植物作为一类非常重要的构形素材，被广泛地运用在古代铺地中。植物纹样在铺装中的运用不仅美观而且有特殊的意义：忍冬是半常绿的藤本植物，耐寒、耐旱、根系繁密，被人们视为坚毅不屈、坚韧不拔的代表；蔓草茎叶肥大，生长环境要求低，易生根，具有很强的生命力；莲花是我国人民喜爱的传统花卉，由于其"出淤泥而不染，濯清涟而不妖"而被视为"花中君子"，象征着高洁、清雅，预制六角纹莲铺地如图 4-59 所示；石榴、葡萄等植物果实象征着丰收等。

（3）动物纹样　古代人们还喜欢将一些象征吉祥或代表权势的动物造型运用到铺地图案中。龙、鸟、鱼、麒麟、马、蝙蝠、昆虫等都是常见的动物纹样。

（4）文字纹样　在古代铺地中经常能看见一些如"福""寿"等的吉祥文字以及一些诗词歌赋结合几何纹样、植物纹样运用在地面的图案中，寓意祥瑞或表现意趣，从一个侧面来映衬出景观环境中整体的生活气息和人文氛围。

（5）综合纹样　在一些规模较大、地位较高的建筑景观中，经

图 4-59　预制六角纹莲铺地

常会用到一些有叙事性的大型单元铺地图案。这些图案的内容往往是一些历史故事、典故或者神话传说、生肖形象等，这些铺地图案构形元素一般都会包含风景、动植物、人物等形象，因此称为"综合纹样"。

我国的铺地从早先的几何纹到后期的综合叙事纹，不论从形式的变化还是构图的发展上来看，都体现了极高的艺术价值和思想内涵。纹样或简洁或复杂或写实或抽象，无不体现着工匠们的精妙技艺与创新的思维，这正是我们中华民族博大精深的文化底蕴的产物。

4.3.2.2　当代铺地参考模式图样

当代铺地是指 20 世纪 80 年代后期的景观铺地设计。由于新材料、新施工工艺的不断出现与进步，当代铺地设计的形式更为多样，并且更加注重铺地在使用功能上对人的满足性。为符合不同场所的需要，现代铺地设计要求根据不同场地的使用情况与使用特点来设置相应的铺地形式与材料。

① 随着城市现代化的进程加快以及现代人追求快节奏、高速

率的生活方式的转变，现代景观铺地的纹样设计既重视其装饰风格又要求地纹简洁、明朗、色彩丰富，更具时代感。

② 中国传统景观场所多采用砖、卵石、碎石等作为铺地材料，而现今社会由于人流量的增大、运输承载的增加，传统铺地材料就其强度、平度和耐久性等方面往往不能满足使用的要求，因此，当代景观铺地材料要求更坚固、更耐压、更耐磨等。

③ 采用更环保、更节能的材料，强调与自然环境和谐共处也是现代景观铺地设计中的重点。吸声抗尘路面等新型铺地如今在人行道、居住区小路、公园道路、通行轻型交通车及停车场等地面中被广泛地应用。

④ 当代铺地主要具有以下好处：改善植物和土壤微生物的生存条件和生活环境；减少城市雨水管道的设施和负担，减少对公共水域的污染；蓄养地下水；增加路面湿度，减少热辐射；降低城市噪声，改善城市空气环境等。

4.3.3 广场设施及特殊场地

4.3.3.1 园景广场内景观布置

园景广场内部可以安排的景观设施多种多样，有雕塑、花坛、草坪、花架、水池、喷泉、景观小品等。

(1) 雕塑布置 在园景广场布置的雕塑可以有石雕、不锈钢雕、铜雕等，雕塑材料一定要坚固耐久，不易风化破坏。主体性或主题性雕塑一般要布置在广场中心或中轴线的交叉点上，以便于获得最突出的表现。而次要的从属性雕塑，既可以规则对称地布置在主题雕塑的前后左右，呈烘托状；又可以布置在中轴大道两侧，对称地排成两列；还可以在广场路口的两旁布置一对雕塑，作对峙状；个别小型雕塑也有布置在广场某一角专设小场地的。

雕塑作品的下面都应有基座，基座是作品不可分割的一部分，由雕塑作者设计。一般雕塑的前方应当安排有足够的观赏视距。视距长短根据雕塑的高度而定。在需要观赏雕塑全景及其周围环境的情况下，最小视距应为雕塑高度的 3 倍以上。在只需要观赏雕塑细部时，最小视距可仅为雕塑高度的 2 倍。如果是横向尺度大于竖向尺度的群雕，则取群雕宽度 1.2 倍以上距离作为最小观赏视距。

（2）花坛群布置 花坛是园景广场上主要的地面景观；广场上的花坛按照规则对称关系组成花坛群。花坛群的外形应当和广场的形状相一致，花坛群内个体花坛的形状则要与所处的局部场地形状相适应。花坛群及其主景花坛的平面形状宜为规则对称形状，群内其他个体花坛的形状则可以不是对称形状。所有个体花坛都要按照统一的轴线轴心关系紧密地组合在一起，构成协调统一而又富于变化的、主体突出而又结构清楚的花坛群体。花坛的总面积一般不超过广场面积的 1/3，但也不小于 1/15。除主景花坛外，一般个体花坛的短轴宜取 8～10m，超过 10m 短轴的花坛显得太宽，其内的图案模纹透视变形较大，观赏不便。花坛边缘石一般用砖砌筑，形状宜简单。砌筑好后再用水泥砂浆抹面、水刷石饰面、釉面砖或花岗石贴面等方式给予表面装饰处理。边缘石顶面设计宽度为 15～35cm，应高出花坛外地坪 15～40cm。花坛的图案纹样可按模纹花坛、文字花坛、盛花花坛等类型进行设，曲线图形或直线纹样都可以，要求点线排列整齐，图案对称，配色鲜艳，装饰性较强，如图4-60 所示。

（3）草坪布置 园景广场上的草坪一般采用观赏草坪形式，选用的草种观赏价值要高，要有利于长期稳定地发挥其绿化装饰作用。广场上的观赏草坪布置可以参照花坛的方式方法另行设计，也可以直接利用花坛群内一些个体花坛来作为草坪种植床。草坪布置在主景水池、主题雕塑或主景花坛的周围，可做成装饰性的环绕草坪带。如果布置在广场主道的两侧，又可作为镶边的草坪带。而直接用花坛的种植床铺种草坪，则是一般观赏草坪最常见的布置形式，当然也是广场草坪的主要铺种形式。广场草坪的一个更重要作用，是作为模纹花坛、文字花坛等的基面底色，在花坛的图案造型中成为不可缺少的重要组成部分。

（4）水池布置 布置在园景广场上的观赏水池多采用规则式，其平面形状一般都根据广场及水池所处局部场地的形状来确定，有方、长方、圆、方圆及椭圆组合等形状，也有做成窄渠加方池或圆池，甚至做成某些具有抽象特点的变异形状的。作为广场重要的景

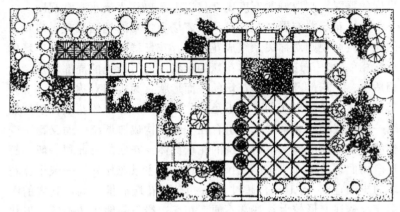

(a) 平面图

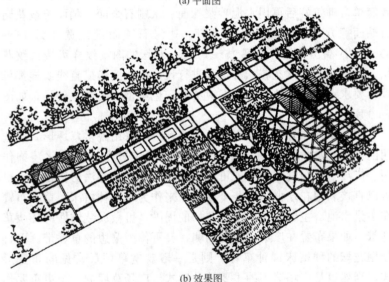

(b) 效果图

图 4-60 以花坛群组为主的广场

观设施之一，水池常布置在广场中轴线上，也常与喷泉结合做成喷泉池，构成广场的主景。水池还能很容易组合进花坛群，成为花坛群的中心景观或某些局部的重要景观，使水景与花卉景相互映衬，共同装饰广场地面。将观赏水池布置在广场休息区旁作为休息区的前景，能够提高休息环境的装饰性和趣味性。此外，还可考虑将露天舞台与水池相结合，形成休闲广场人们娱乐，如图 4-61 所示。

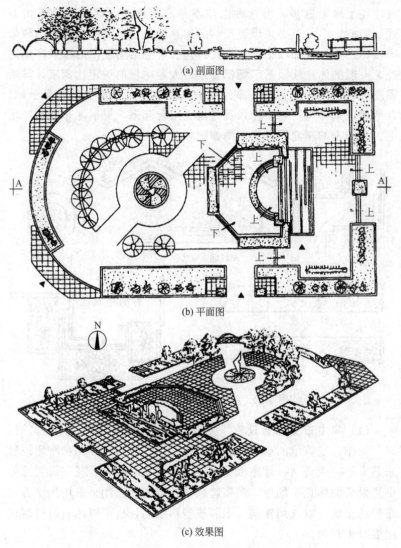

(a) 剖面图

(b) 平面图

(c) 效果图

图 4-61　露天舞台与水池结合的休闲广场示意图

4.3.3.2 园景广场内休息设施布置

园景广场与园路不同，它要吸引游人停留下来驻足观景。虽然在广场上也可散步，但这种散步不是通行性质，而是一种逗留方式。因此，广场上必须设置足够的休息设施。广场休息设施的数量应按休息座位数加以估算。除去游艺、集会活动性质的园景广场之外，一般的休息性园景广场都要按游人容纳量的一定比例来计算所需座位数。休息设施的一部分可采取集中方式布置在广场某区域，其他部分则可与广场多种景观与设施结合起来，灵活地布置在广场上。广场上的座凳设置平面图如图 4-62 所示。

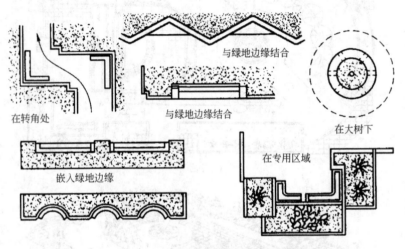

图 4-62　广场上的座凳设置平面图

(1) 集中布置休息设施　主要是在广场上划出一片合适的区域，安排一定数量的桌椅，成为广场冷热饮料点、休闲咖啡座或音乐茶座等。或者，以带座板的花架绿廊为主，并结合花架设置几处桌凳俱全的休息小场地，供棋牌娱乐及游人休息用。采用集中方式布置的桌椅可以选用铁制、木制或塑料制品，也可以用石材打制或用混凝土预制。

(2) 分散布置的休息设施　基本有四种布置方式：第一种是选用铁、木、塑料、石材或混凝土制作的桌、椅、凳，分散布置在广场边缘的乔木林带下面或广场中的遮阴树下；第二种是在上有树木遮阴的铺装地面或广场道路旁边，分散布置一些大小相间、高低有别、顶面平整光洁的自然石块，既作场地和路边的自然景物装饰，又兼作座凳使用；第三种是结合广场花台、栏杆、挡土墙等的设计，在这些环境小品上附设部分座板或座椅，使其既起到花台、栏杆和挡土墙的作用，又具备一些座凳的功能；第四种则是直接利用花坛、花台、水池的边缘石和池壁顶面作为座凳替代物，将边缘石和池壁的顶面设计成高、宽各为 30～40cm 的尺寸，表面用花岗石、釉面砖、白色水磨石等光洁材料装饰，可作为休息座凳，而且还可减少广场上其他凳、椅的设置数量。

在广场上的道路边和花坛群的内部，坐凳的布置要和水池、花坛的设计一同考虑，并预先留出空处。在花坛沿边和在游览道旁，设计几处整齐排列的凹陷区域，如矩形、梯形或月牙形凹陷均可，并以这种凹陷作为布置园凳专门位置。在路面、场地转角处的阴角部位也是布置座凳的好地方，这里属于道路场地的死角，安排座位不会影响其他游人散步游览。

总之，广场上休息设施的布置都应当紧密结合具体的场地形状，因地制宜地做好安排，使园景广场的休息功能体现得更为充分。

4.3.3.3　广场周围景观布置

广场周围的建筑、树木、背景山等多种景物构成了广场的外环境，同时也是广场空间的外缘竖向界面。这种界面的艺术形象如何，直接影响到园景广场的艺术效果。

周围景物高度与广场宽度之间的关系对园景广场空间艺术效果有较大影响。一般说来，后者尺度为前者尺度的 3～6 倍时，空间的开敞度、闭合度适中，空间感觉比较好。空间闭合度或开敞度的大小由向外的空间仰角所决定。空间仰角大，则闭合度大，开敞度小；空间仰角小，则闭合度小，开敞度大。空间仰角的大小是受广场周围景物高度和空间观赏视距之间的比例关系所制约的。作为园景广场的空间，闭合度宜小一些，空间仰角在 13°以下比较好。仰角达到 30°时，广场空间的闭合性明显，作建筑庭院附属广场还可以，但作园景广场的效果就要差一些。仰角达到 45°，闭合度太大，会出现广场不"广"、空间闭塞的情况，不适宜园景广场增强艺术效果。因此，要在一定的广场宽度条件下，注意控制广场周围竖向界面上景物的高度。

在园景广场周围景观的处理方面，历来有下列两种设计思想和设计方式。

(1) 规则式　规则式是将周围景观设计为单纯的、规整的、主调明确的环境形象，从而更加突出广场本身的主题和景观形象。大多采用规则、对称、结构简洁的设计形式。例如，在广场纵轴线末端布置主体建筑，而在广场两侧和纵轴线前端则对称、整齐地布置宽窄一致、高矮相同的草坪带和树木绿带，而且树木采用统一的株行距规整地栽种成行列式，树种也只采用常绿的阔叶树或针叶树，不用花木树。这种环境设计能够很好地衬托广场内部的景观，有利于突出广场主题。

(2) 自由式　强调景观变化，突出环境景观丰富多彩的特点，使广场空间界面在具有一定景观基调的情况下，各局部的景观主调多有变换，从而给园景广场提供一个更加美好的空间环境。这种设计思想的典型例子是：广场周围建筑自由地布置，建筑造型与装饰体现出很高的艺术水平。广场外缘设计有花坛、花境、花灌木丛、草坪绿带和风景树丛；最外一圈绿化带则用雪松、香樟、水杉、广玉兰等树形差异很大的乔木配植成林冠线有起有伏的风景林带。这种设计使环境的自然气息十分浓郁，格调轻松活泼，在环境艺术上能够达到比较高的水平。

两种环境设计思想创造出具有完全不同风格的两种艺术效果，这在园景广场设计中都是可以采用的，也可结合使用，如图 4-63 所示。广场的艺术效果除了受周围环境景观影响较大之外，广场的平面形状、面积大小、地面景观等也都有较大的直接的影响。

4.3.3.4　停车场施工

随着城市交通不断发展，游览公园和风景区需要停泊车辆的情况也会越来越多；在城市中心广场及机关单位的绿化庭院中，有时也需要设置停车场和回车场。这两类铺装地面的修筑是园林场地的

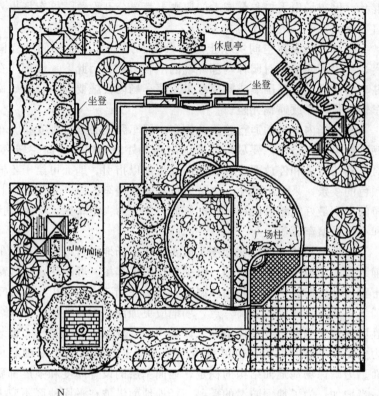

休息亭

坐凳

坐凳

广场柱

N

图 4-63 自由式与规则式结合的休闲绿地

重要内容之一。

　　(1) 停车场要求　停车场的位置一般设在园林大门以外，尽可能布置在大门的同一侧。大门对面有足够面积时，停车场可酌情安排在对面。少数特殊情况下，大门以内也可划出一片地面作停车场。在机关单位内部没有足够土地用作停车场时，也可扩宽一些庭院路面，利用路边扩宽区域作为小型的停车场。面临城市主干道的园林停车场应尽可能离街道交叉口远些，以免导致交叉口处的交通混乱。停车场出入口与公园大门原则上都要分开设置。停车场出入口不宜太宽，一般设计为 7~10m。

园林停车场在空间关系上应与公园、风景区内部空间相互隔离，要尽可能减少对园林内部环境的不利影响，因此，一般都应在停车场周围设置高围墙或隔离绿带。停车场内设施要简单，要确保车辆来往和停放通畅无阻。

停车场内车辆的通行路线及倒车、回车路线必须合理安排。车辆采用单方向行驶，要尽可能取消出入口处出场车辆的向左转弯。对车辆的行进和停放要设置明确的标识加以指引。地面可绘上不同颜色的线条，来指示通道、划分车位和表明停车区段。不同大小长短的车型最好能划分区域，按类停放，如分为大型车区、中型车区和小型微型车区等。

根据不同的园林环境和停车需要，停车场地面可以采用不同的铺装形式。城市广场、公园、机关单位的停车场一般采用水泥混凝土整体现浇铺装，也常采用预制混凝土砌块铺装或混凝土砌块嵌草铺装；其铺装等级应当高一点，场地应更加注意美观整洁。风景名胜区的停车场则可视具体条件，以采用沥青混凝土和泥结碎石铺装为主；如果条件许可，也可采用水泥混凝土或预制砌块来铺装地面。为确保场地地面结构的稳定，地面基层的设计厚度和强度都要适当增加。为了地面防滑的需要，场地地面纵坡在平原地区不应大于 0.5%，在山区、丘陵区不应大于 0.8%。从排水通畅方面考虑，地面也必须要有不小于 0.2% 的排水坡度。

(2) 停车场的铺装样式　停车场的铺装样式如图 4-64 所示。

(3) 车辆的停放方式　停车方式对停车场的车辆停放量和用地面积都有影响，车辆沿着停车场中心线、边线或道路边线停放时有三种停放方式，如图 4-65 所示。

① 平行停车。停车方向与场地边线或道路中心线平行。采用这种停车方式的每一列汽车所占的地面宽度最小，因此，这是适宜路边停车场的一种方式。但是，为了车辆队列后面的车能够驶离，前后两车间的净距要求较大，因此在一定长度的停车道上，这种方式所能停放的车辆数比用其他方式少 1/2~2/3。

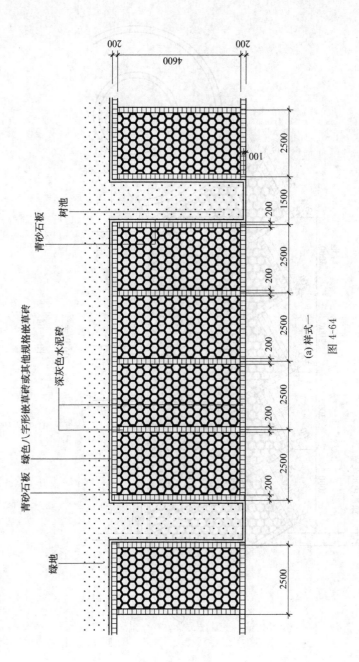

(a) 样式一

图 4-64

青砂石板 绿色八字形做草砖或其他规格做草砖

深灰色水泥砖

青砂石板

树池

绿地

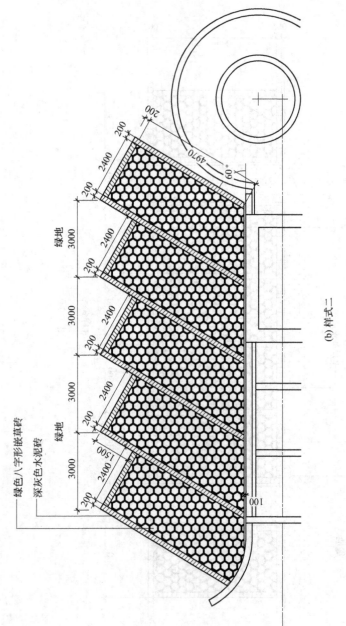

（b）样式二

图 4-64

绿色八字形嵌草砖

深灰色色水泥砖

绿地

绿地

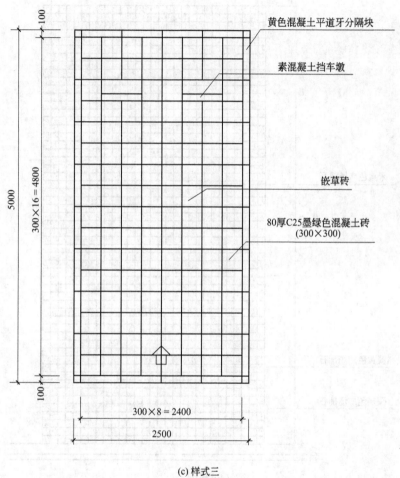

黄色混凝土平道牙分隔块

素混凝土挡车墩

嵌草砖

80厚C25墨绿色混凝土砖
(300×300)

(c) 样式三

图 4-64

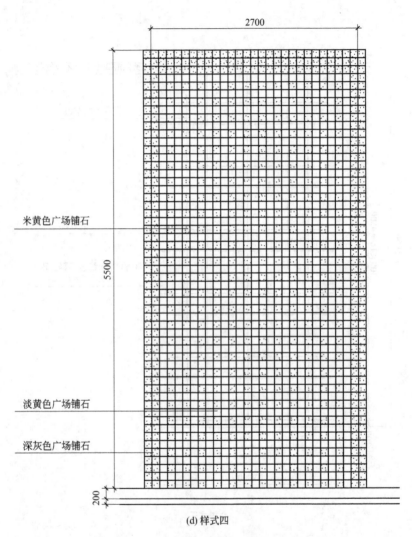

图 4-64 停车场的铺装样式（单位：mm）

② 斜角停车。停车方向与场地边线或道路边线成 45°斜角，车辆的停放和驶离都最为方便。这种方式适宜停车时间较短、车辆随来随走的临时性停车道。由于占用地面较多，用地不经济，车辆停

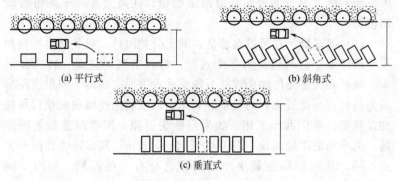

(a) 平行式   (b) 斜角式

(c) 垂直式

图 4-65　车辆停放位置平面图

放量也不多，混合车种停放也不整齐，因此这种停车方式一般应用较少。

③ 垂直停车。车辆垂直于场地边线或道路中心线停放，每一列汽车所占地面较宽，可达 9～12m；并且车辆进出停车位均需倒车一次。但在这种停车方式下，车辆排列密集，用地紧凑，所停放的车辆数也最多，一般的停车场和宽阔停车道都采用这种方式停车。

根据停车场位置关系、出入口的设置和用地面积大小，一般的园林停车场可分为停车道式、浅盆式、转角式和袋式等几种。

（4）停车场面积的计算　停车场所需面积大小与车辆停放数、车型类别、停车方式及通行道的几何尺寸有关。根据园林规划所确定的停车数量，再分别计算出不同车型的单位停车面积，就可最后算出停车场的总面积。或者，根据已知的停车场总面积，也可以推算出所能停放的车辆数。

根据实测分析，停车场的单位停车面积一般可取：小型、微型车为 $22m^2$/辆，大型车为 $36\sim38m^2$/辆。如果把停车场绿化、出入口连接通道、附属管理设施用地计算在内，则对小型微型车可考虑占用地 $30\sim50m^2$/辆，中型车用地 $50\sim70m^2$/辆，大型车用地 $70\sim100m^2$/辆。因此，每 100 辆车的停车面积对小型车为 $0.3\sim0.5hm^2$，中型车为 $0.5\sim0.7hm^2$，大型车为 $0.7\sim1.0hm^2$。在城市公园和机关单位的停车场宜取偏低值，在风景区停车场可取较高值。

（5）**回车场**　在风景名胜区、城市公共园林、机关单位绿地和居住区绿地中，当道路为尽端式时，为便于汽车进退、转弯和调头，需要在该道路的端头或接近端头处设置回车场地。如果道路尽端是路口或是建筑物，那就最好利用路口或利用建筑前面预留场地加以扩宽，兼作回车场用。如果是断头道路，则要单独设置回车场。回车场的用地面积一般不小于 $12m \times 12m$，回车路线和回车方式不同，其回车场的最小用地面积也会有一些差别，如图 4-66 所示。

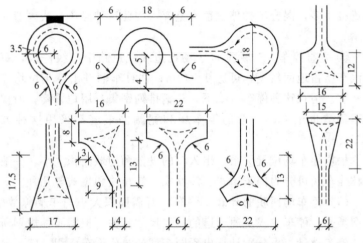

图 4-66　回车场形状平面尺寸图（单位：m）

（6）**停车场铺地做法**　停车场铺地做法如图 4-67 所示。

（7）**自行车停车场**　城市公共园林的自行车停车场一般设置在露地；工厂、机关单位和居住小区的自行车停车场则多数要加盖雨棚。自行车单车占地面积较小，因此，其停车场的设置就比较灵活，对场地的形状、面积大小要求不高，完全可以利用一些边角地带来布置，如图 4-68 所示。

① 自行车的停放与排列方式。排列方式有前轮相对错开排列，

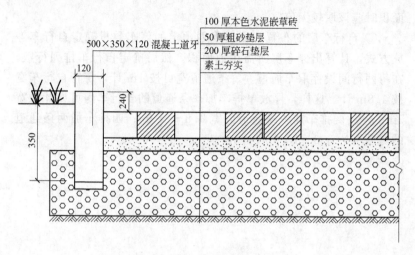

图 4-67　停车场铺地做法（单位：mm）

注：道路坡度为 2‰～3‰

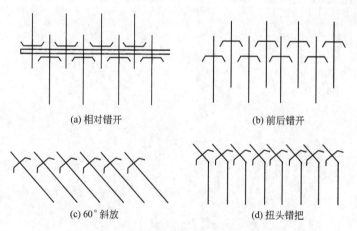

(a) 相对错开 　　　　　　　　　(b) 前后错开

(c) 60°斜放 　　　　　　　　　(d) 扭头错把

图 4-68　自行车的停放位置平面图

竖向错开车把排列，成 60°角斜放，车身竖放车把 30°斜放。包括进出存车、取车的通道面积在内，每辆自行车的平均占地面积可按 $1.4～1.8m^2$ 计算。目前，自行车停车场多是自行车与摩托车混合停放，并且许多自行车的车把前都装有购物篮筐，在计算单位停车面积时应该取较大值。

② 自行车房的布置。要按规划预定的停车数量确定自行车停放方式，计算出停车房所需用地面积。然后确定自行车排列行数，在每两行间设存取车通道。每条通道宽可按 1m 计，每行自行车宽按 1.8m 计。这样，停放单排车加一条通道的自行车房可设计为宽3m；停放两排车加一条通道的宽 4.8～5.0m；四排车加两条通道的宽度可达 9.3～10.0m。

园林景亭工程

5.1　景亭施工方法

5.1.1　普通亭顶施工

　　景亭的顶，以攒尖顶为多，也有用歇山顶、硬山顶、卷棚顶、盝顶的，现代景亭以钢筋混凝土平顶式景亭较多。

　　攒尖顶在构造上比较特殊，它一般应用于正多边形和圆形平面的景亭上。攒尖顶的各戗脊由各柱中向中心上方逐渐集中成一尖顶，用"顶饰"来结束，外形呈伞状。屋顶的檐角一般反翘。北方起翘比较轻微，显得平缓、持重；南方戗角兜转耸起，如半月形，翘得很高，显得轻巧飘逸。

　　攒尖顶的施工做法，南、北方不尽相同。北方景亭的做法：方形的亭子，先在四角按抹角梁构成梁架；在抹角梁的正中立童柱或木墩，然后在其上安檩枋，叠落至顶；在角梁的中心交汇点安"雷公柱"，"雷公柱"的上端伸出层面作顶饰，称为"宝顶"、"宝瓶"等。宝顶、宝瓶为瓦制或琉璃制，其下端隐在天花内，或露出雕成旋纹、莲瓣之类。六角亭最重要的是先将檩子的步架定好，两根平行的长扒梁搁在两头的柱子上；在其上搭短扒梁；然后在放射性角梁与扒梁的水平交点处承以童柱或木墩。这种用长扒梁及短扒梁互相叠落的做法，在长扒梁过长时显然是不经济的。圆形的攒尖顶亭子，基本做法相同，不过由于额枋等全需做成弧形的，比较费工费料，因此做得不多。据估计，景亭这类建筑，大约每平方米需用木材 $1m^3$，是相当可观的。攒尖顶亭的构造做法如图 5-1 所示。

攒尖顶的梁架构造，一般分为下列三种形式。

(1) 用老戗支撑灯芯木 这种做法可在灯芯木下做轩，加强装饰性。但由于刚性较差，只适用于较小的亭。

(2) 用大梁支撑灯芯木 一般大梁只一根，如果亭较大，可架两根，或平行，或垂直，但由于梁架较零乱，须做天花遮没。

(3) 用搭角梁的做法 如果为方亭，结构较为简易，只在下层搭角梁上立童柱，柱上再架成四方形的、与下层相错 45°的搭角梁。如果为六角，则上层搭角梁也相应地做成六角形，以便于架老戗。梁架下可做轩或天花，也可开敞。

北方翼角的做法，一般是仔角梁贴伏在老角梁背上，前段稍稍昂起，翼角的出檐也是斜出并逐渐向角梁处抬高，以构成平面上及立面上的曲势，它和屋面曲线一起形成了中国建筑所特有的造型美。

江南的屋角反翘式样，通常分成嫩戗发戗与水戗发戗两种。嫩戗发戗的构造比较复杂，老戗的下端伸出于檐柱之外，在它的尺头上向外斜向镶合嫩戗，用菱角木、箴木、扁檐木等把嫩戗与老戗固牢，这样就使屋檐两端升起较大，形成展翅欲飞的态势。水戗发戗没有嫩戗，木构体本身不起翘，仅戗脊端部利用铁件及泥灰形成翘角，屋檐也基本上是平直的，因此构造上比较简便。

屋面构造一般把桁、椽搭接在梁架之上，再在上面铺瓦做脊。北方宫廷园林中的景亭，一般采用色彩艳丽、锃光闪亮的琉璃瓦件，红色的柱身，以蓝、绿等冷色为基调的檐下彩画，及洁白的汉白玉石栏、基座，显得庄重而富丽堂皇。南方景亭的屋面一般铺小青瓦，梁枋、柱等木结构刷深褐色油漆，在白墙青竹的陪衬下，看上去宛如水墨勾勒一般，显得清素雅洁，别有一番情趣。

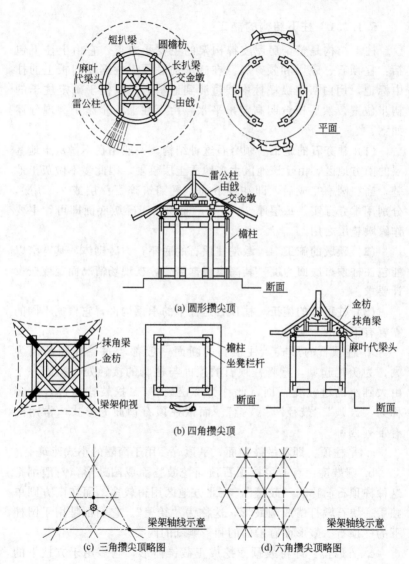

图 5-1 攒尖顶亭的构造做法示意图

5.1.2 普通台基施工

5.1.2.1 柱下结构的施工

柱下结构是整个房屋支撑构架的主要受力点，它由上往下包括：柱顶石、磉墩和领夯石。在施工前必须先根据龙门板上的柱中标记，用白灰将纵横柱中线过渡到地基上，以便于确定柱子的初步位置，然后以台明高定出平水，由下往上逐步施工。现分述如下：

(1) 领夯石的施工 领夯石这种结构，一般用在不做灰土地基层的南方地区，由于该地区大多地质土层较硬，因此多不做灰土地基，当在刨槽完成后，即在柱下的位置铺筑碎石一层或 2～3 层，分别用木夯夯实。每层厚 3～4 寸，面积大于磉墩底面即可，主要作磉墩垫层之用。

(2) 磉墩的施工 磉墩是柱顶石的底座，为砖砌体，其宽窄以能包住柱顶石底面为度，其高应根据需要，视现场情况而定或按设计要求。

(3) 柱顶石的施工 柱顶石是柱下的承重构件，它根据不同的需要有不同的做法。

① 柱顶石的形式：柱顶石的断面一般都较木柱柱脚断面为大，为美观起见，常将柱顶石的顶面与柱脚的接触处，凿成一个由大到小的过渡变截面，此称为"挖鼓脖"。挖鼓脖的这一段多称为"鼓颈""鼓径""鼓镜"。而依柱顶石顶面的形式，常用的有下列四种。

a. 平柱顶：即不做鼓颈面，平顶。多用于简陋的小式建筑上。

b. 圆鼓镜：有的将柱顶石顶面挖鼓脖而成圆鼓形，一般都把这种柱顶石简称为"鼓镜"，在北方地区用得较多。而在南方则单独用一块石墩打凿成圆鼓形，这称为"铔磉"。它们都是用于圆柱下的柱顶石。鼓形面有素面的和带雕刻的两类。

c. 方鼓镜：即将鼓颈面挖成正截锥体形，它多用于方柱下的柱顶石。

d. 异形顶：将顶面作成需要的形式，如用于有侧廊的山面柱下的高低半圆柱形、用于长廊转角柱下的非 90°转角形、用于游亭柱下的多边形等。

e. 联办柱顶：将两个相邻的柱顶用一块料石制成的叫"联办柱顶石"。多用于两个相邻变形或变势建筑的柱子下。

上述柱顶石形式都必须根据设计要求，预先进行选料、打凿、磨光等加工而成，柱顶石形式如图 5-2 所示。

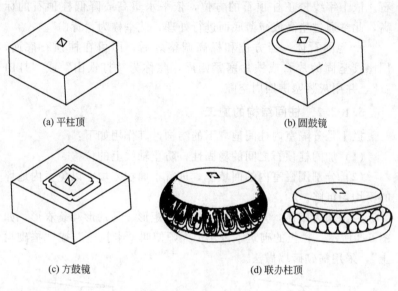

(a) 平柱顶　　　　　　　　　　(b) 圆鼓镜

(c) 方鼓镜　　　　　　　　(d) 联办柱顶

图 5-2　柱顶石

② 柱顶石的尺寸：这就是说，柱础方径尺寸应为柱径的 2 倍，柱础高度：当方 1.4 尺以下的，按每方 1 尺 8 寸计算；方 3 尺以上的，按方尺的一半计算；方 4 尺以上的，均应以不超过 3 尺为限。如果要做成盆状圆弧形，其高按方尺的 1/10 计算，而弧厚按高的 1/10 计算。如果做成像莲花形的，其高还应按覆盆高增加一倍。

③ 柱顶石的安装：一般将柱顶石的顶面称为"鼓镜顶"，鼓镜下的棱角面称为"柱顶盘"。在安装时，鼓镜顶高于室内地坪面，柱顶盘与室内地坪平。安装步骤如下。

a. 平水挂线：柱顶石的高低应以台基的平水为准进行安装，因此，柱顶盘上的棱，就是平水的定标点。柱顶石的找中应进行认真复核，尤其是对檐柱、金柱和山柱，它们的中应是在考虑了掰升后的中。这些均应根据龙门板上的相应标志，进行纵横拴线拉通。

b. 柱顶石就位：当拴好十字线后，即可铺坐底灰，安装柱顶石。依十字线校正柱顶石的方位，依平水垫高或降低柱顶石的标高，此举通过垫高或减薄底面进行处理，此举称为"背山"。

c. 稳固石体：当方位和标高调整好后，即可在柱顶石底面，用比较坚固的片石或铁片塞紧四周，此称为"打铁山"或"打山石"，并用灰浆塞满四周空隙。

5.1.2.2 柱间结构的施工

拦土是分隔室内柱间地坪下的结构，其作用如下：

(1) 加固柱顶石之间的稳固性，防止轴线上的位移。

(2) 分割围栏室内的回填土，进行小面积夯填，以免室内地坪的不均匀沉陷。

拦土墙为砌体，其断面形式可做成矩形、马蹄形和蓑衣形，如图 5-3 所示。拦土的砌筑，古建工人师傅叫"卡拦土"或"掐砌拦土"，采用糙砌砖墙做法。

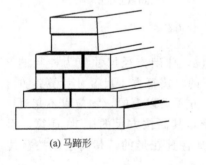

(a) 马蹄形

(b) 蓑衣形

图 5-3 拦土剖面

拦土墙的宽可按磉蹬或柱顶石的尺寸，或者稍小，主要根据砖的规格，以不砍切砖料为原则。高度＝台明(柱顶石)高－地坪墁砖厚。

5.1.2.3　台帮结构的施工

台帮结构由下往上，包括土衬、背里、陡板和阶条，它们是台基的封边结构。

(1) 土衬的施工　土衬是台帮的最底层构件，一般多为石活构件，但在小式建筑或很次要建筑中，也常采用城砖。

① 土衬石的尺寸：土衬石在宋代称为"地面石"，没有严格尺寸要求。在清代，要求其上表面高出地面1～2寸，外侧边宽出陡板石2～3寸，这宽出的部分叫做"金边"。

整块土衬石的宽度应根据陡板石的厚度确定，即土衬石的宽度＝陡板石厚＋2金边。而长度和厚度无硬性规定，但其厚度要考虑嵌入陡板石的落槽深度。由于一般陡板石与土衬的连接可用落槽榫连接（在土衬上开槽，槽宽稍大于陡板厚，槽深为土衬本身厚的1/10），也可用铁榫和榫窝连接，如图5-4(b) 所示。

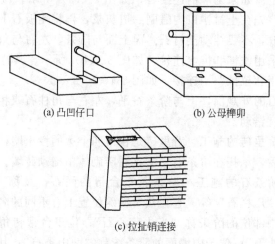

(a) 凸凹仔口　　　　　(b) 公母榫卯

(c) 拉扯销连接

图 5-4　石活连接

② 土衬石的安装：安装前应将龙门板上的下檐出过渡到基础平面上，以"下出＋金边"的尺寸进行拉线，此为土衬的外缘线。再在线的两端，按台明所确定的高度定出土衬的标高。然后铺砌砂

浆，按线安放土衬石，做好土衬石与土衬石之间的整平连接工作。

(2) 角柱石的施工 角柱石有的简称埋头，它是台基四个角的定角构件。一般为石活构件。

由于角柱石是台基的四角构件，应按纵横轴的下檐出尺寸拉线，控制两面角线垂直。其底面坐浆，用碎片石垫稳，如果底下垫有土衬石者，可做土衬落槽连接，也可做铁榫和榫窝连接。顶面与侧面做铁榫或榫窝，与阶条及陡板连接，榫头长为 2.5 寸。

(3) 陡板石的施工 陡板石是台基地面以上第二层，围护台侧的护面石，多用石活构件，但在石料缺乏的地区，也可用条砖砌筑。

① 陡板石的尺寸：陡板石长按现场料石配备，厚按本身高的 1/3，高＝台明高－阶条石厚＋土衬落槽。如果用条砖砌筑者，其厚按条砖尺寸。

② 陡板石的安装：陡板石有上下、左右和背后等五个连接面，陡板石与土衬如果是落槽连接者，如图 5-4(a) 所示，应在选配好陡板石后，先在土衬槽口内醮刷一道灰浆，再将陡板石下槽，一定要轻抬轻放，不要绊动土衬石。而上面与阶条，左右与角柱石或陡板石，都采用铁榫和榫窝连接，如图 5-4(b) 所示。其背后是背里砖，应采用"拉扯"销连接，如图 5-4(c) 所示。

陡板石的外观面，上与阶条石平，左右与角柱石或相邻陡板齐平，不得有错动。

(4) 背里砖的施工 背里砖是台帮四个边的拦土墙，它紧贴在陡板石之后，承托在阶条石之下，属砖砌体中糙砌砖墙。

(5) 阶条石的施工 阶条石是台帮的面石，又称"阶沿石""压面石""压栏石"等。它在几个特殊位置上有不同的名称：如位于明间正中部位的阶条称"坐中落心石"；位于台帮转角部位的阶条称"好头石"；位于山墙面的阶条统称"两山条石"；其余都简称"阶条石"，或分前檐阶条、后檐阶条等，也有将嵌在好头石与坐中落心石之间的阶条称为"落心石"。

由于阶条石经常要受风吹雨打，或其他意外的撞击，因此一般多为石活构件。

① 阶条石的尺寸：宋朝规定"长三尺广二尺厚六寸"，但其长应根据通面阔和通进深的尺寸灵活配制。而清朝要求其长度：除"坐中落心石"按明朝间面阔尺寸配制外，其余均可按料石长灵活配制，但前檐阶条最好按"三间五安、五间七安、七间九安"进行配制，所谓三间五安是指建筑物如果为三间房者，应安放五块阶条石，如此类推；而宽度一般为：一尺以下檐出尺寸，在山墙和后檐墙下的阶条宽不应小于墙厚；厚度：大式建筑为 5 寸或本身宽的 1/4，小式建筑为 4 寸。

② 阶条石的施工：阶条石底面应凿有榫窝，用铁榫与角柱石和陡板石连接，但在盖铺阶条石前，应在角柱石、陡板石、背里砖等之间和上面进行灌浆，为避免浆汁从缝中溢出，可预先用大麻刀灰或油灰勾缝，此称为"锁口"。

阶条石位置安放的先后顺序为：好头石→坐中落心石→两山条石→落心石。

当阶条石与柱顶石碰头过长时，应将阶条石多余的部分划好线，细心割切去掉，此举称为"掏卡子"，要求掏卡子的缝隙尽可能紧密。

（6）石活中常用的灰浆　在台基石活中，缝口常用灰浆见表 5-1。

表 5-1　石活工程中的常用灰浆

灰浆名称	制作方法	使用范围
大麻刀灰	用泼灰、长麻刀加水后，搅拌均匀。泼灰：麻刀＝50：(1.2～0.3)	用于石活的砌筑和勾缝
石灰膏	用生石膏粉加水调匀后，加适量桐油搅拌均匀，待发胀即可	用于石活灌浆前的锁口
麻刀油灰	按比例，油灰：麻刀＝50：(1～0.7)反复锤砸均匀而成	用于受潮石活的勾缝
油灰	用等量泼灰、面粉、桐油，加少量白矾搅拌均匀	用于受潮石活的砌筑、勾缝
桃花浆	将白灰与黄土按体积比1：2.3或1：1.5进行混合搅拌均匀	用于不受潮石活的灌浆

灰浆名称	制作方法	使用范围
生石灰浆	生石灰块加水泡解,过滤去渣而成	用于一般石活的灌浆
白矾浆	用白矾加水调匀而成	用于固定石活中的铁作
盐卤浆	用盐卤：水：铁粉=1：5：2搅拌均匀而成	用于固定石活中的铁作
江米浆	将生石灰浆：糯米汁：白矾=33：0.1：0.11混合搅拌而成	用于重要石活的灌浆
杂杂浆	用白灰浆或桃花浆：碎砖或碎石：生桐油=1：0.5：0.05拌合而成	用于石活下的垫基

5.2 半　亭

　　平面为正方形之半故称半亭。园林小院空间不大，配以半亭，体量适宜。亭周围陪衬山石、水池、庭院四周以花墙廊房围合，形成优美宁静的休息小院，如图 5-5 所示。

图 5-5　半亭

　　混凝土半亭设计与施工详图如图 5-6 所示。

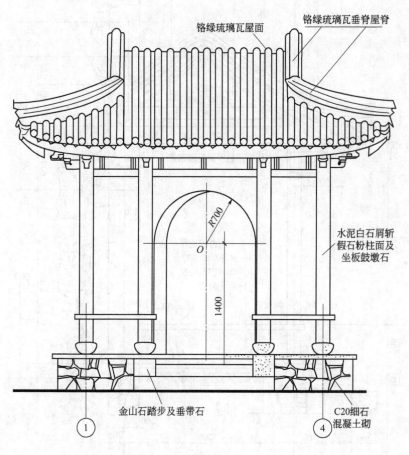

铬绿琉璃瓦屋面

铬绿琉璃瓦垂脊屋脊

水泥白石屑斩
假石粉柱面及
坐板鼓墩石

R700

O

1400

金山石踏步及垂带石

① ④

C20细石
混凝土砌

(a) 正立面

图 5-6

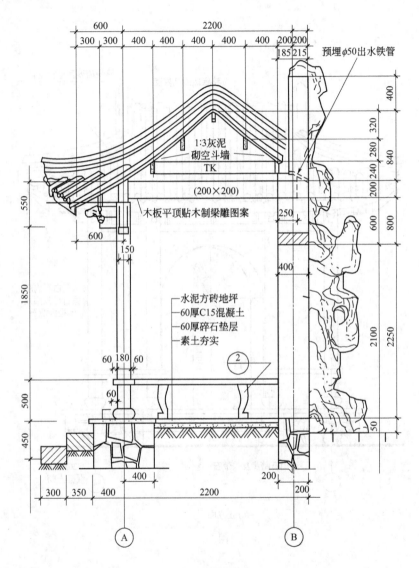

預埋φ50出水鐵管

1:3灰泥
砌空斗墻
TK

(200×200)

木板平頂貼木制梁雕圖案

水泥方磚地坪
60厚C15混凝土
60厚碎石墊層
素土夯實

2

A

B

(b)Ⅰ—Ⅰ剖面

圖 5-6

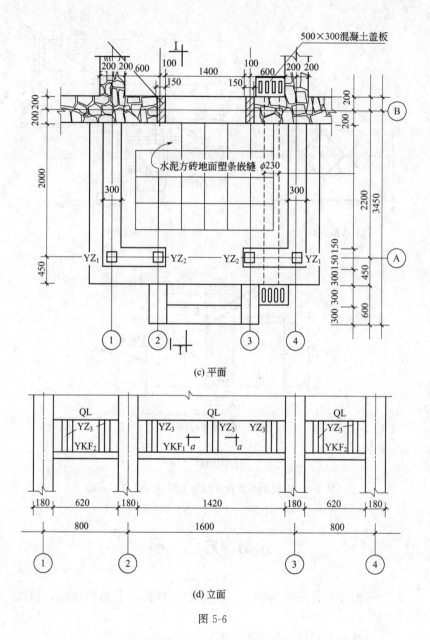

(c) 平面

500×300混凝土盖板

水泥方砖地面塑条嵌缝 φ230

(d) 立面

图 5-6

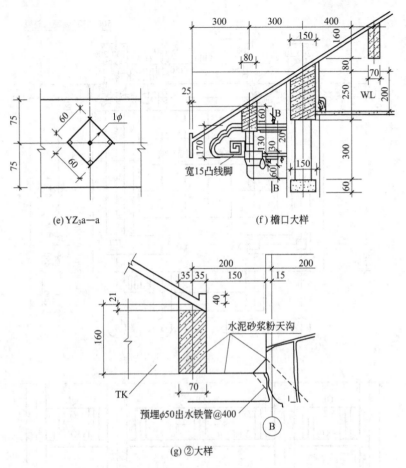

(e) YZ₃a—a

(f) 檐口大样

宽15凸线脚

水泥砂浆粉天沟

TK

预埋φ50出水铁管@400

Ⓑ

(g) ②大样

图 5-6　混凝土半亭设计与施工详图（单位：mm）

5.3 方　亭

　　平面四角，亭身为四柱，柱上端为挂落，下端为坐凳，如图 5-7 所示。

　　重檐四方亭设计与施工详图如图 5-8 所示。

图 5-7 方亭

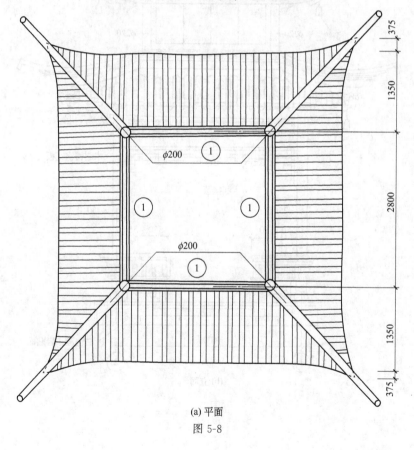

375

1350

2800

$\phi 200$ ①

①   ①

$\phi 200$

①

1350

375

(a) 平面

图 5-8

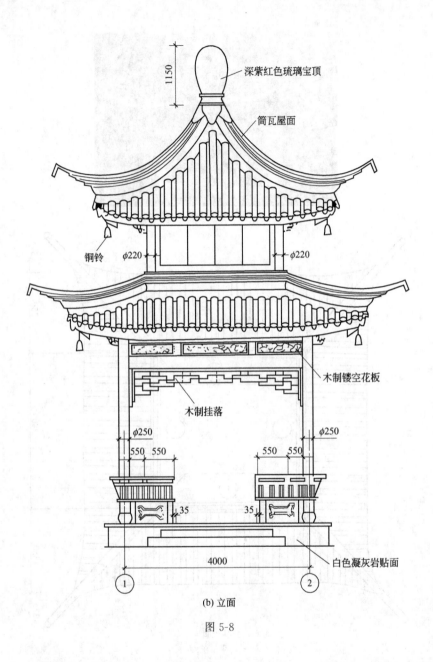

深紫红色琉璃宝顶

筒瓦屋面

铜铃 φ220 φ220

木制镂空花板

木制挂落

φ250 φ250

550 550 550 550

35 35

4000

白色凝灰岩贴面

① ②

(b) 立面

图 5-8

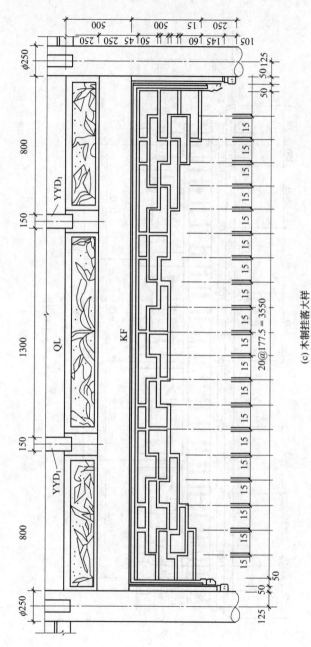

(c) 木制挂落大样

图 5-8

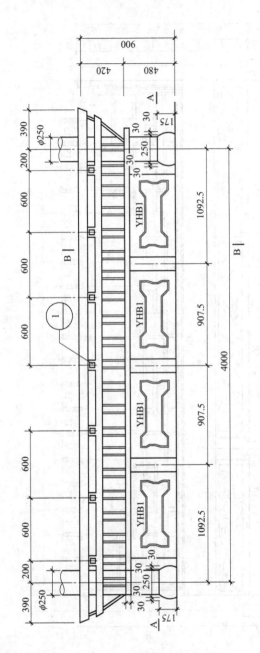

(d) 吴王靠立面

图 5-8

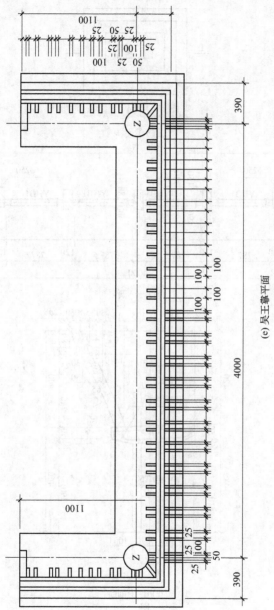

(e)吴王靠平面

图 5-8

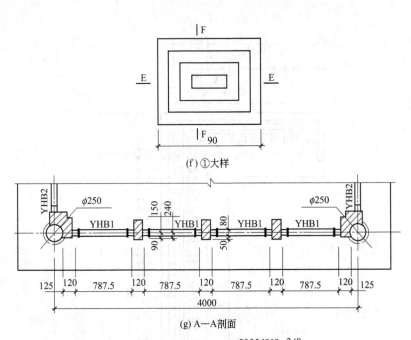

(f) ①大样

(g) A—A剖面

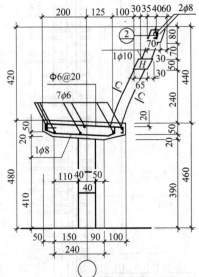

(h) B—B剖面

图 5-8

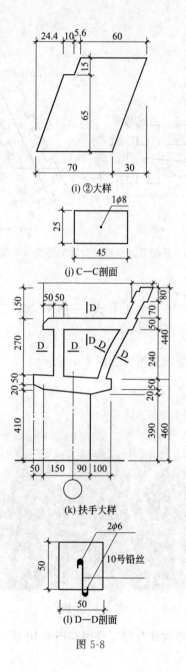

(i) ②大样

(j) C—C剖面

(k) 扶手大样

(l) D—D剖面

图 5-8

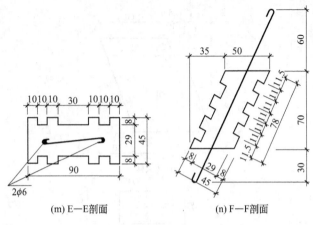

(m) E—E剖面   (n) F—F剖面

图 5-8   重檐四方亭设计与施工详图（单位：mm）

5.4 六 角 亭

六角亭的亭为六角形，如图 5-9 所示。

图 5-9   六角亭

园林六角亭的设计与施工详图如图 5-10 所示。

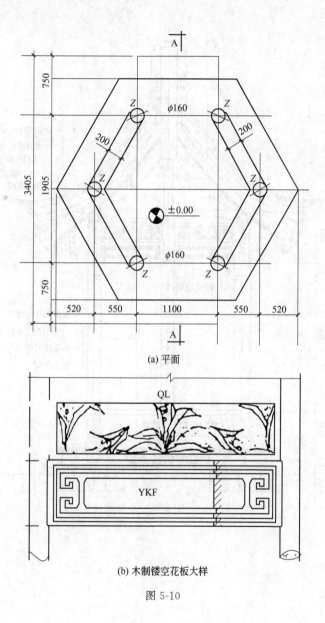

(a) 平面

(b) 木制镂空花板大样

图 5-10

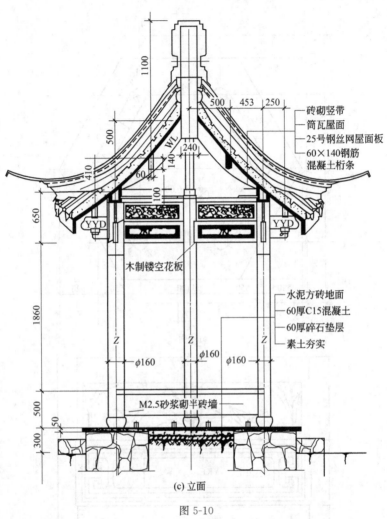

图 5-10

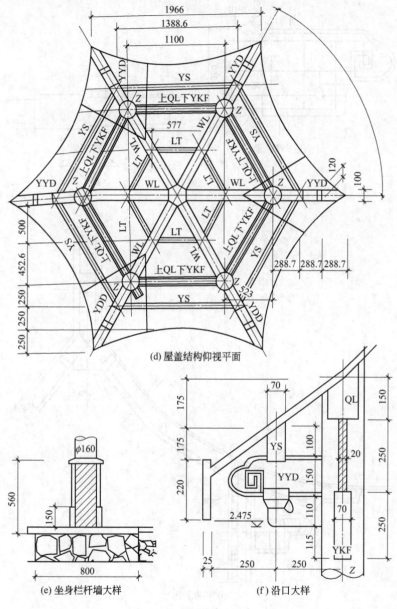

(d) 屋盖结构仰视平面

(e) 坐身栏杆墙大样

(f) 沿口大样

图 5-10

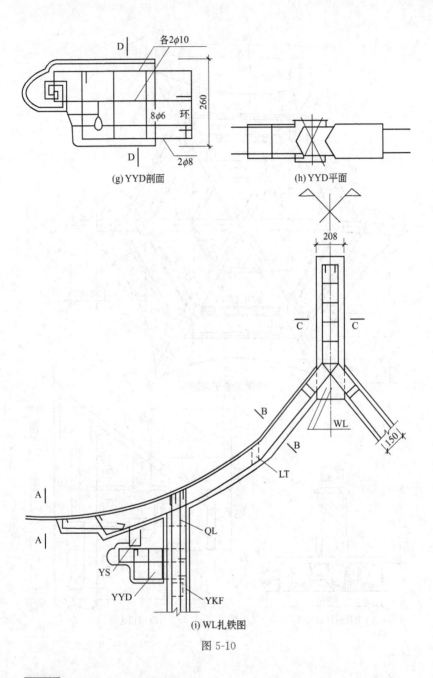

(g) YYD剖面

各2φ10

260

8φ6 环

2φ8

(h) YYD平面

208

C C

B

B

LT

WL

150

A

A

QL

YS

YYD

YKF

(i) WL扎铁图

图 5-10

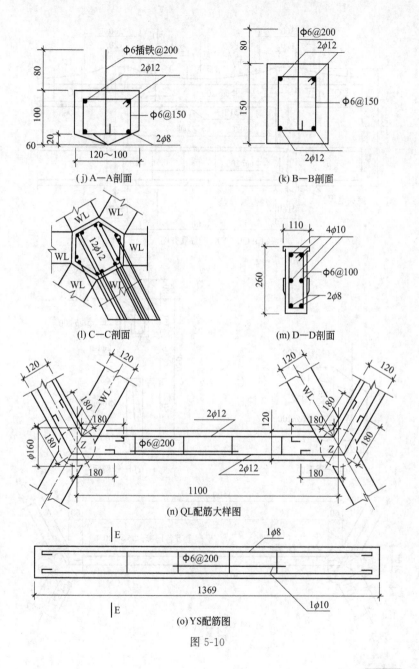

（j）A—A剖面

（k）B—B剖面

（l）C—C剖面

（m）D—D剖面

（n）QL配筋大样图

（o）YS配筋图

图 5-10

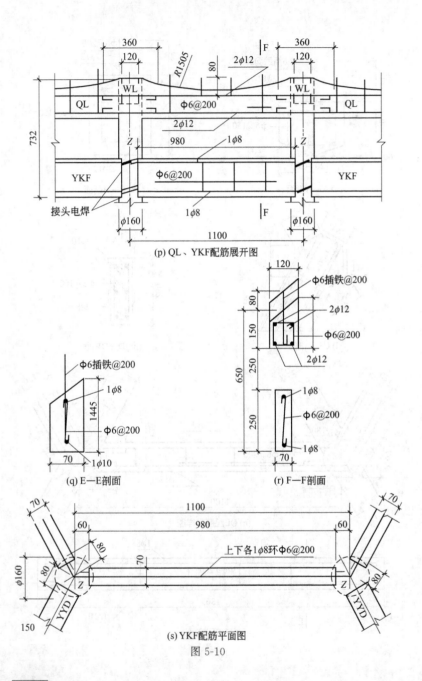

(p) QL、YKF配筋展开图

(q) E—E剖面

(r) F—F剖面

(s) YKF配筋平面图

图 5-10

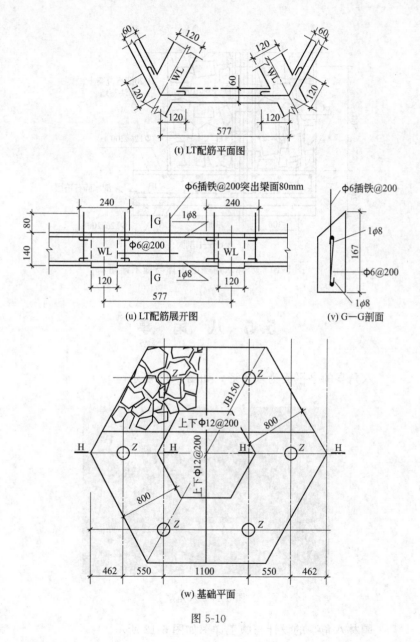

(t) LT配筋平面图

(u) LT配筋展开图

(v) G—G剖面

(w) 基础平面

图 5-10

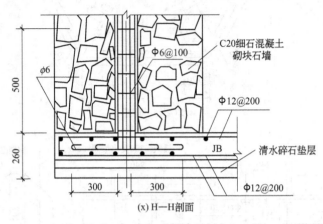

图 5-10　园林六角亭的设计与施工详图

5.5　八　角　亭

八角亭的亭平面为八角形，如图 5-11 所示。

图 5-11　八角亭

园林八角亭的设计与施工详图如图 5-12 所示。

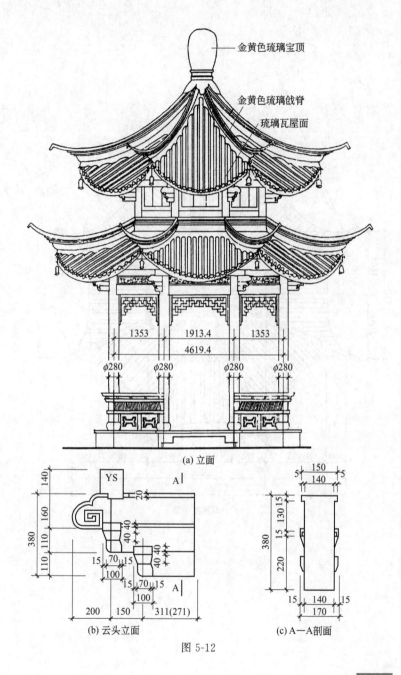

金黄色琉璃宝顶

金黄色琉璃戗脊

琉璃瓦屋面

1353　1913.4　1353

4619.4

φ280　φ280　φ280　φ280

(a) 立面

YS

A

140

160

110 110

380

15 70 15

100

40 40

40 40

15 70 15

100

A

200　150　311(271)

(b) 云头立面

150 5

140

15 130 15

380

220

15 140 15

170

(c) A—A剖面

图 5-12

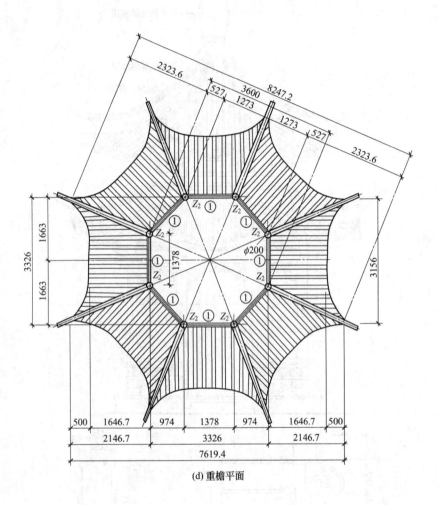

(d) 重檐平面

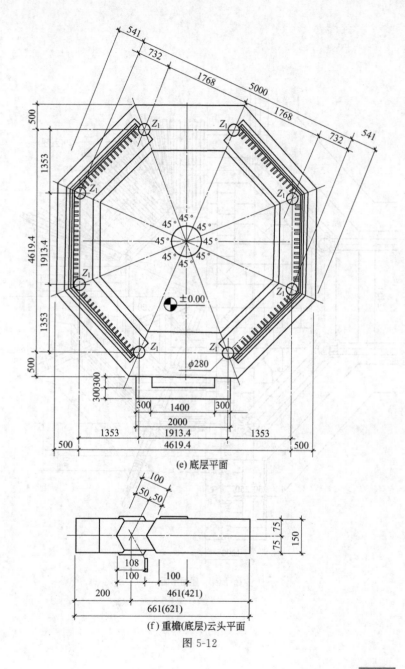

(e) 底层平面

(f) 重檐(底层)云头平面

图 5-12

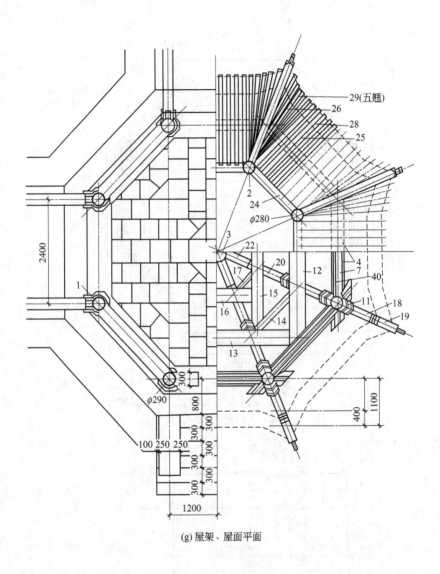

29(五翘)
26
28
25

2400

1

φ290

300
800
300
300

100 250 250
300
300
300
300

1200

2
24
φ280
3
22
17
20
16
15
12
4
7
40
11
18
19
14
13

1100
400

(g) 屋架、屋面平面

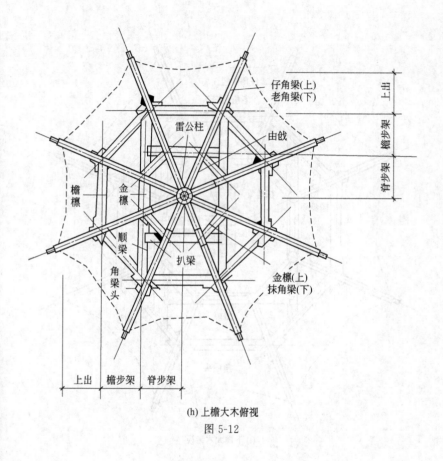

(h) 上檐大木俯视

图 5-12

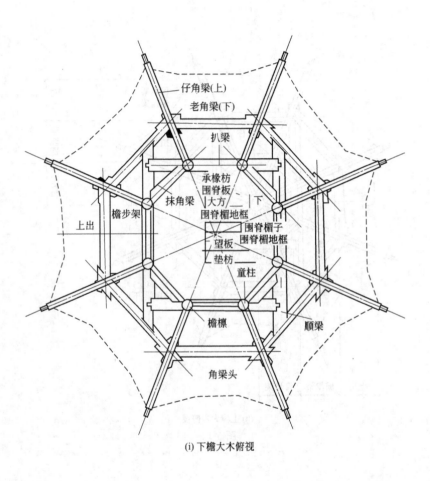

仔角梁(上)

老角梁(下)

扒梁

承椽枋
围脊板
大方
下

抹角梁

围脊楣地框

望板

围脊楣子
围脊楣地框

垫枋

檐步架

上出

童柱

檐檩

顺梁

角梁头

(i) 下檐大木俯视

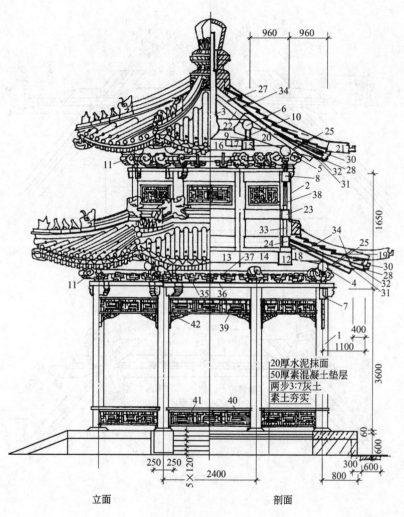

20厚水泥抹面
50厚素混凝土垫层
两步3:7灰土
素土夯实

立面　　　　　　　　剖面

(j) 立面和剖面

图 5-12

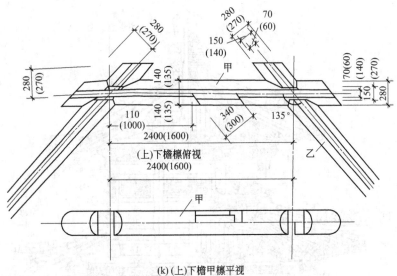

280
(270)

280
(270)

70
(60)

150
(140)

甲

140
(135)

280
(270)

110
(1000)

140
(135)

140
(135)

340
(300)

135°

2400(1600)

(上)下檐檩俯视

2400(1600)

70(60)
(140)
(270)

150
280

乙

甲

(k) (上)下檐甲檩平视

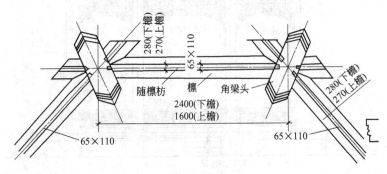

280(下檐)
270(上檐)

65×110

65×110

随檩枋

檩

角梁头

2400(下檐)
1600(上檐)

280(下檐)
270(上檐)

65×110

65×110

(l) (上)下檐檩仰视

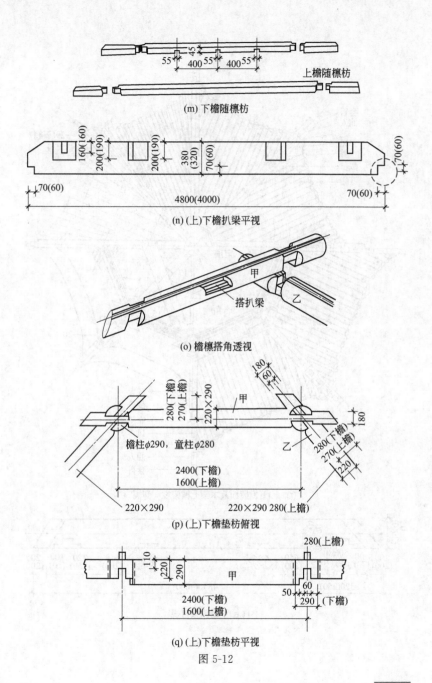

(m) 下檐随檩枋

上檐随檩枋

(n) (上)下檐扒梁平视

搭扒梁

甲

乙

(o) 檐檩搭角透视

檐柱φ290,童柱φ280

甲

乙

(p) (上)下檐垫枋俯视

280(上檐)

甲

(q) (上)下檐垫枋平视

图 5-12

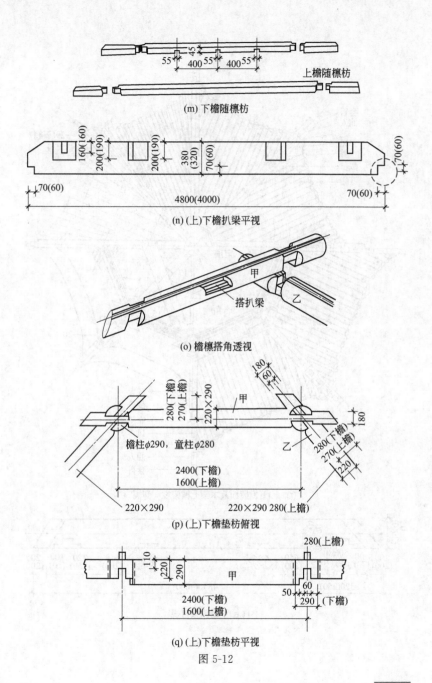

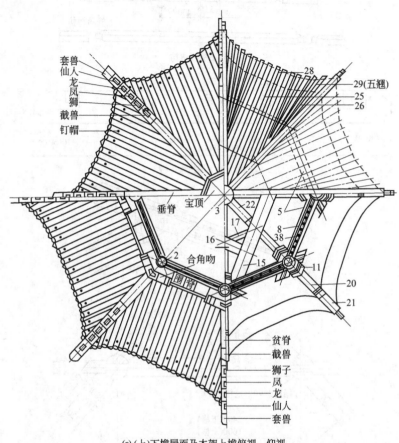

套兽
仙人
龙凤
狮
截兽
钉帽

28
29(五翘)
25
26

垂脊　宝顶
3　22
17
5
16
8
38
2　合角吻
15
11
围脊
20
21

贫脊
截兽
狮子
凤
龙
仙人
套兽

(r)(上)下檐屋面及木架上檐俯视、仰视

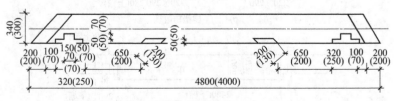

(s)(上)下檐扒梁俯视

(t)(上)下檐角科斗拱

图 5-12

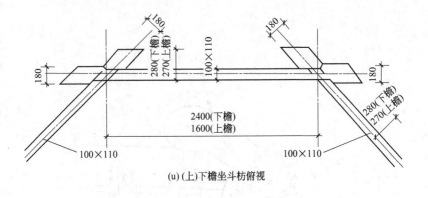

(u)(上)下檐坐斗枋俯视

图 5-12　园林八角亭的设计与施工详图（单位：mm）

1—檐柱；2—童柱；3—雷公柱；4—下檐檐檩；5—上檐檐檩；6—上檐金檩；7—下檐
垫枋；8—上檐垫枋；9—上檐金垫枋；10—上檐金垫板；11—角梁头；12—下檐扒梁；
13—下檐顺梁；14—下檐抹角梁；15—上檐扒梁；16—上檐顺梁；17—上檐抹角梁；
18—下檐老角梁；19—下檐仔角梁；20—上檐老角梁；21—上檐仔角梁；22—由戗；
23—大方；24—承椽枋；25—檐椽；26—翼角椽；27—脑椽；28—飞头；29—翘飞；
30—大连檐；31—小连檐；32—闸挡板；33—围脊板；34—望板；35—斗板；36—坐
斗枋；37—随檩枋；38—围脊榴；39—吊挂楣；40—坐凳板；41—坐凳楣；42—花牙子

景观照明

6.1 照明原则

    园林景观照明,由于环境复杂,用途各异,变化多端,因而很难予以硬性规定,仅提出以下一般原则供参考。

    ① 不要泛泛设置照明设施,而应结合园林景观的特点,以其在灯光下能最充分体现景观效果为原则来布置照明措施。

    ② 关于灯光的方向和颜色的选择,应以能增加树木、灌木和花卉的美观为主要前提。如针叶树在强光下才反应良好,一般只宜于采取暗影处理法。又如,阔叶树种白桦、垂柳、枫树等对泛光照明有良好的反映效果;白炽灯包括反射型,卤钨灯却能增加红、黄色花卉的色彩,使它们显得更加鲜艳,使用小型投光器会使局部花卉色彩绚丽夺目;汞灯使树木和草坪绿色鲜明夺目;等等。

    ③ 对于水面、水景照明景观的处理上,注意如以直射光照在水面上,对水面本身作用不大。但却能反映其附近被灯光所照亮的小桥、树木或园林建筑呈现出波光粼粼,有一种梦幻似的意境。而瀑布和喷水池却可用照明处理得很美观,不过灯光须透过流水以造成水柱的晶莹剔透、闪闪发光。所以,无论是在喷水的四周,还是在小瀑布流入池塘的地方,均宜将灯光置于水面之下。在水下设置灯具时,应注意使其在白天难于发现隐藏在水中的灯具,但也不能埋得过深,否则会引起光强的减弱。一般安装在水面以下 30～

100mm 为宜。进行水景的色彩照明时，常使用红、蓝、黄三原色，其次使用绿色。

某些大瀑布采用前照灯光的效果很好，但如让设在远处的投光灯直接照在瀑布上，效果并不理想。潜水灯具的应用效果颇佳，但需特殊的设计。

④ 对于公园和绿地的主要园路，宜采用低功率的路灯装在 3～5m 高的灯柱上，柱距 20～40m，效果较好，也可每柱两灯，需要提高照度时，两灯齐明。也可隔柱设置控制灯的开关，来调整照明。也可利用路灯灯柱装以 150W 的密封光束反光灯来照亮花圃和灌木。

在一些局部的假山、草坪内可设地灯照明，如要在内设灯杆装设灯具时，其高度应在 2m 以下。

⑤ 在设计公园、绿地、园路等照明灯时，要注意路旁树木对道路照明的影响，为防止树木遮挡可以采取适当减少灯间距，加大光源的功率以补偿由于树木遮挡所产生的光损失，也可以根据树型或树木高度不同，在安装照明灯具时，采用较长的灯柱悬臂，以使灯具突出树缘外或改变灯具的悬挂方式等以弥补光损失。

⑥ 无论是白天或黑夜，照明设备均需隐蔽在视线之外，最好全部敷设电缆线路。

⑦ 彩色装饰灯可创造节日气氛，特别反映在水中更为美丽，但是这种装饰灯光不易获得一种宁静、安详的气氛，也难以表现出大自然的壮观景象，只能有限度地调剂使用。

6.2 树木的照明

① 投光灯一般是放置在地面上。根据树木的种类和外观确定排列方式。有时为了更突出树木的造型和便于人们观察欣赏，也可将灯具放在地下。树木的投光照明，如图 6-1 所示。

② 如果想照明树木上的一个较高的位置（如照明一排树的第一根树杈及其以上部位），可以在树的旁边放置一根高度等于第一

图 6-1　树木的投光照明

根树杈的小灯杆或金属杆来安装灯具。

③ 在落叶树的主要树枝上，安装一串串低功率的白炽灯泡，可以获得装饰的效果。但这种安装方式，一般在冬季使用。因为在夏季，树叶会碰到灯泡，灯泡会烧伤树叶，对树木不利，也会影响照明的效果。

④ 对必须安装在树上的投光灯，其系在树杈上的安装环必须能按照植物的生长规律进行调节。

⑤ 对树木的投光造型是一门艺术。为树木投光照明的布灯方式如下。

a. 对一片树木的照明。用几只投光灯具，从几个角度照射过去。照射的效果既有成片的感觉，也有层次、深度的感觉。

b. 对一棵树的照明。用两只投光灯具从两个方向照射，成特写镜头。

c. 对一排树的照明。用一排投光灯具，按一个照明角度照射。既有整齐感，也有层次感。

d. 对高低参差不齐的树木的照明。用几只投光灯，分别对高、低树木投光，给人以明显的高低、立体感。

e. 对两排树形成的绿荫走廊照明。对于由两排树形成的绿荫走廊，采用两排投光灯具相对照射，效果很佳。

f. 对树杈树冠的照明。在大多数情况，对树木的照明，主要是照射树杈与树冠，因为照射了树杈树冠，不仅层次丰富、效果明显，而且光束的散光也会将树干显示出来，起衬托作用。

6.3 雕塑、雕像的饰景照明

如图 6-2 所示，对小型或中型雕塑，其饰景照明的方法如下。

图 6-2　雕塑的饰景照明

① 照明点的数量与排列，取决于被照目标的类型。要求是照明整个目标，但不要均匀，其目的是通过阴影和不同的亮度，再创造一个轮廓鲜明的效果。

② 根据被照明目标的位置及其周围的环境确定灯具的位置。

a. 处于地面上的照明目标，孤立地位于草地或空地中央。此时灯具的安装，尽可能与地面平齐，以保持周围的外观不受影响和减少眩光产生，也可装在植物或围墙后的地面上。

b. 坐落在基座上的照明目标，孤立地位于草地或空地中央。为了控制基座的亮度，灯具必须放在更远一些的地方。基座的边不能在被照明目标的底部产生阴影，也是非常重要的。

c. 坐落在基座上的照明目标，位于行人可接近的地方。通常不能围着基座安装灯具，因为从透视上说距离太近。只能将灯具固定在公共照明杆上或装在附近建筑的立面上，但必须注意避免眩光。

③ 对于塑像，通常照明脸部的主体部分以及像的正面。背部照明要求低得多，或在某些情况下，一点都不需要照明。

④ 虽然从下往上的照明是最容易做到的，但要注意，凡是可能在塑像脸部产生不愉快阴影的方向不能施加照明。

⑤ 对某些雕塑，材料的颜色是一个重要的要素。一般说，用白炽灯照明有好的显色性。通过使用适当的灯泡——汞灯、金属卤化物灯、钠灯，可以增加材料的颜色。采用彩色照明最好能做一下光色试验。

6.4 花坛照明

① 由上向下观察处在地平面上的花坛，常采用蘑菇式灯具向下照射。这些灯具放置在花坛的中央或侧边，高度取决于花的高度。

② 花有各种各样的颜色，就要使用显色指数高的光源。白炽

图 6-3 花坛照明

灯、紧凑型荧光灯都能较好地应用于这种场合。

花坛照明如图 6-3 所示。

6.5　园路照明

园路是人们休闲散步、观赏景物、开展各种活动的场所，需要一种明亮的环境，所以园路照明主要以明视照明为主。在设计时必须根据照度标准中推荐的照度进行设计，从效率和维修方面考虑，一般多采用 4～8m 高的杆头式汞灯照明器，如图 6-4 所示。

图 6-4　园路照明

6.6　喷水池和瀑布的照明

(1) 对水流喷射的照明　在水流喷射的情况下，将投光灯具装在水池内的喷口后面或装在水流重新落到水池内的落下点下面，或者在这两个地方都装上投光灯具。

水离开喷口处的水流密度最大，当水流通过空气时会产生扩散。由于水和空气有不同的折射率，使投光灯的光在进出水柱时产生二次折射。在"下落点"，水已变成细雨一般。投光灯具装在离下落点大约 10cm 的水下，使下落的水珠产生闪闪发光的效果，如图 6-5 所示。

图 6-5　水流喷射的照明

（2）瀑布的照明

① 对于水流和瀑布，灯具应装在水流下落处的底部。

② 输出光通量应取决于瀑布的落差和与流量成正比的下落水层的厚度，还取决于流出口的形状所造成水流的散开程度。

③ 对于流速比较缓慢、落差比较小的阶梯式水流，每一阶梯底部必须装有照明。线状光源（荧光灯、线状的卤素白炽灯等）最适合于这类情形。

④ 由于下落水的重量与冲击力，可能冲坏投光灯具的调节角度和排列。所以必须牢固地将灯具固定在水槽的墙壁上或加重灯具。

⑤ 具有变色程序的动感照明，可以产生一种固定的水流效果，也可以产生变化的水流效果。

图 6-6 是针对不同流水效果采用的灯具安装方法。

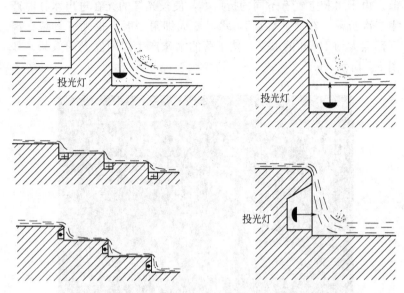

图 6-6　瀑布与水流的投光照明

6.7　溶洞照明

（1）**显示照明**　为了向游客介绍溶洞内的景观和导游线路，一般在溶洞口设置游览路线景观活动显示屏，这种显示屏采用电子程控器控制，按照路径方向逐段显示。显示方式有两种：一种为每段从起点逐个亮到终点，最后全部发光；另一种也是每段从起点亮到终点，亮的方式似小溪流水，有动态感，当每一起点的灯开始亮时，下一个景观点上的红灯便开始闪烁。当路线指向灯亮至一个景观时，该点的红灯便常亮。待游览路线亮过一趟之后，所有的指示灯便全部熄灭，机器自动地暂停一段时间（时间可随意调整）然后重新启动（机器还设有人工启动开关），在每个景观上都配有彩色的景观图片，形象生动逼真。

溶洞口还设有洞名和"欢迎来宾"灯光显示屏，这是一种文字和图形活动显示屏，它由控制器、存储器、显示器和电源装置组成。

在使用前，要把需要显示的文字和图形写入存储器中，在控制器的控制下按不同显示方式把文字或图形的指令输入显示器，从而显示出所示的文字和图形。需要更换所显示的内容时，只需将不同内容的可编程序续入存储器即可。

（2）明视照明　明视照明是以溶洞通道为中心时行活动和工作所需的照明，它包括常见光和附加灯光两部分。当导游介绍景观时，两种灯光同时亮，而导游离开该景观时，附加的哪部分灯光便自动熄灭，这样做可以省电，更重要的是通过灯光的明暗变化烘托气氛，给游客以动感，提高观赏情趣。

通道照明灯具不宜安装过高，以距底部 200mm 为宜，为了保证必要的照度值（≥0.5lx），每 4～6m 应设置 60W 照明灯具 1 盏。

（3）饰景照明　饰景照明（图 6-7）是用于烘托景物的，利用灯光布景，让大自然的鬼斧神工辅以精心设计光色，表现各种主题，如"仙女下凡""金鸡报晓""大闹天宫"等景观，给游客以丰富的艺术想象，从而得到美的享受。

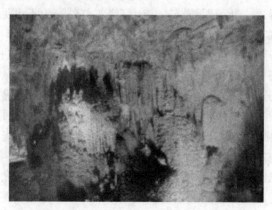

图 6-7　溶洞饰景照明

为了得到较好的烘托效果，饰景照明不宜采用大功率的灯光，同时还要求灯具能够满足调光的可能性。对于目标较远的钟乳等，可以采用150W或200W投光灯，灯光上下部位可变，又能调整焦点。在目标附近还可增设其他灯具，以亮度对比方式突出目标的艺术形象。

为了表现一种艺术构思，饰景用的灯光的颜色应根据特定的故事情节进行设计，而不能像一般游艺场、舞厅的灯光那样光怪陆离，使景观的意境受到干扰和破坏。

(4) 应急照明 应急照明是当一般照明因故断电时为了疏散溶洞内游客而设置的一种事故照明装置。这种灯一般设置于溶洞内通道的转角处，为人员疏散的信号指示提供一定的照度。

通常采用的灯内电池型应急照明装置是一种新颖的照明灯具，其内部装有小型密封蓄电池、充放电转换装置、逆变器和光源等部件。交流电源正常供电时，蓄电池被缓缓充电；当交流电源因故中断时，蓄电池通过转换电路自动将光源点亮。应急照明应采用能瞬时点亮的照明光源，一般采用白炽灯，每盏功率取30W。

(5) 灯光的控制 明视照明和饰景照明的控制有红外光控和干簧管磁控等两种方式，一般以采用红外光控方式居多，这种遥控器包括发射器和接收器两部分。导游人员利用发射器发射控制信号，通过接收器通、断照明线路，启闭灯光。红外光为不可见光，不受外界干扰时其射程可达7～10m。

对于需要经常变幻的灯光，可以利用可控硅调光器进行调光。

(6) 安全措施

① 由于溶洞内潮湿，容易触电，为了保证安全可靠，溶洞供电变压器应采用380V中性点不接地系统，最好能用双回路供电。

② 溶洞内的通道照明和饰景照明，在特别潮湿的场所，其使用电压不应超过36V。

③ 根据安全要求，溶洞内的供电和照明线路，不允许采用黄麻保护层的电缆。固定敷设的照明线路，可以采用塑料绝缘塑料护套铝芯电缆或普通塑料绝缘线。非固定敷设时宜采用橡胶或氯丁橡胶套电缆。

④ 在溶洞内，凡是由于绝缘破坏而可能带电的用电设备金属

外壳，均须作接地保护。将所有电缆的金属的金属外皮不间断地连接起来构成接地网，并与洞内水坑的接地板（体）相连。

接地板装于水坑内，其数量不得少于两个，以便在检修和清洗接地板时互为备用。接地体采用厚度不少于 5mm，面积不少于 0.75m^2 的钢板制作。

参 考 文 献

[1] 毛培琳，朱志红．中国园林假山 [M]．北京：中国建筑工业出版社，2004.

[2] 闫宝兴，程炜．水景工程 [M]．北京：中国建筑工业出版社，2005.

[3] 卢圣．风景园林与观赏园艺系列丛书：植物造景 [M]．北京：气象出版社，2004.

[4] 张宝鑫．城市立体绿化 [M]．北京：中国林业出版社，2003.

[5] 何平，彭重华．城市绿地植物配置及其造景 [M]．北京：中国林业出版社，2000.

[6] 王文和，田晔林，等．草坪与地被植物 [M]．北京：气象出版社，2004.

[7] 王玉晶，杨绍福，等．城市公园植物造景 [M]．沈阳：辽宁科学技术出版社，2003.

[8] 孙成仁．城市景观设计 [M]．哈尔滨：黑龙江科学技术出版社，1999.

[9] 徐峰．花坛与花境 [M]．北京：化学工业出版社，2008.

[10] 田园．园林动态水景 [M]．沈阳：辽宁科学技术出版社，2004.

[11] 陈其兵．风景园林植物造景 [M]．重庆：重庆大学出版社，2012.

[12] 董晓华．园林植物配置与造景 [M]．北京：中国建材工业出版社，2013.

[13] 徐琰．园林景观工程施工图文精解 [M]．江苏：江苏人民出版社，2012.